Les
Mathématiques

Université
de tous les savoirs 13

sous la direction
d'Yves Michaud

Les
Mathématiques

Odile Jacob

poches

L'équipe de l'Université de tous les savoirs était composée de : Yves Michaud (conception et organisation), Gabriel Leroux (assistant à la conception et à l'organisation), Sébastien Gokalp (programmation et suivi éditorial), Audrey Techer (documentation et suivi éditorial), Juliette Roussel (rédaction et suivi éditorial), Agnès de Warenghien (communication et production audiovisuelle), Julie Navarro (gestion), Karim Badri Nasseri (logistique), Catherine Lawless (communication et études de la mission 2000 en France).

© Éditions Odile Jacob, Mai 2002
15, rue Soufflot, 75005 Paris

www.odilejacob.fr

ISBN : 2-7381-1108-4
ISSN : 1621-0654

Introduction

Qu'est-ce que l'*Université de tous les savoirs* ? Une série de trois cent soixante-six conférences sur les sciences, les techniques, les sociétés, les productions de l'esprit et les cultures, données chaque jour de l'année 2000 par les plus grands spécialistes à l'attention d'un large public. Il s'agissait de parcourir les différents domaines de la connaissance dans un esprit qui est à la fois celui du bilan encyclopédique et celui du questionnement d'avenir.

La programmation a suivi trois étapes. D'abord il fut demandé à l'ensemble de la communauté savante quels thèmes devaient être traités. Dans un second temps, des groupes de spécialistes m'ont aidé à faire le tri des très nombreuses propositions faites (1 700). Finalement, j'ai organisé les suggestions retenues en un ordre à la fois thématique et narratif s'étendant sur toute l'année 2000.

L'ensemble du cycle des conférences a été publié une première fois en six forts volumes qui suivent exactement son déroulement. L'édition de poche reprend maintenant pour l'essentiel cet ordre en accentuant l'ordre thématique aux dépens du cycle narratif. On y retrouve donc l'essentiel des modules mais parfois complétés par des conférences données sur un autre objet. La contrainte du déroulement annuel imposait une forte linéarité et ces regroupements réintroduisent un ordre hypertextuel et des croisements souhaités dès le départ. À l'intérieur de chacun des nouveaux volumes, les conférences sont présentées dans la chronologie où elles furent données, sans redistribution des sujets.

Chaque fois que c'était possible, j'avais en effet privilégié des approches transversales portant sur des thèmes ou des objets comme la vie, les territoires, la ville, l'État, la population humaine, la matière, les thérapies, la production de la richesse, etc.

L'ensemble de ces leçons présenté maintenant sous cette nouvelle forme constitue une approche *contemporaine* des savoirs, des techniques et des pratiques tournée vers les questions qui nous importent en ce début de XXIe siècle. La réflexion est appelée par la rencontre de ces approches, leur dialectique, et même leurs contradictions.

Il faisait partie du concept de l'Université de tous les savoirs que son parcours soit régulièrement complété et redéfini en fonction du développement des recherches et des questions qui apparaissent. De nouvelles conférences de l'Université de tous les savoirs ont commencé en juillet 2001 et se poursuivent depuis octobre de la même année à un rythme hebdomadaire, tous les jeudis.

Elles feront l'objet de publications régulières et sont d'ores et déjà accessibles sur le site www.tous-les-savoirs.com qui est appelé à devenir le portail d'accès à cette connaissance en mouvement.

Yves Michaud

Le comité de choix de sujets pour les sciences était composé de : Jean Audouze (Palais de la découverte), Sébastien Balibar (École normale supérieure), Jean-Pierre Changeux (Collège de France), Alain Connes (Collège de France), Odile Eisenstein (Université Montpellier-II), Élisabeth Giacobino (École normale supérieure), Étienne Klein (CEA), Christian Minot (Université Paris-VI), Guy Ourisson (président de l'Académie des sciences). Pour les techniques et les technologies, le comité était composé de : Jean-Jacques Duby (École supérieure d'Électricité), Robert Ducluzeau (INRA), Jean-Claude Lehman (Saint-Gobain), Jacques Levy (École des mines de Paris), Joël Pijselman (EURODIF), Didier Roux (Rhône-Poulenc et CNRS). Pour les sciences humaines et sociales, le comité était composé de : Olivier Houdé (Université Paris-V), Françoise Héritier (Collège de France), Catherine Labrusse (Université Paris-I), Jean-Hervé Lorenzi (Université Paris-IX), Pascal Ory (Université Paris-I), Denise Pumain (Université Paris-I), François de Singly (Université Paris-V).

Mathématiques et réalité

par Pierre Cartier

Hasardons l'énoncé d'une thèse concernant l'objet des mathématiques ; elle risque de surprendre les spécialistes, mais peut-être moins les non-mathématiciens. On a beaucoup disserté sur le sens, les fondements, la réalité des mathématiques. Il me semble que l'un des objets des mathématiques est *d'abord de découvrir des symétries et des régularités*, depuis les plus élémentaires : s'apercevoir, par exemple, que dans trois cailloux ou trois feuilles, c'est toujours le même « trois ». On sait bien, par l'étude du cheminement historique, qu'un concept abstrait, tel celui du nombre « 3 », a mis très longtemps à se dégager, à partir d'un certain nombre de régularités vécues ou observées dans la nature.

Mais, *en retour*, l'un des enjeux des mathématiques, l'un des produits de cette activité est de créer *un ordre et des symétries nouvelles que nous imposons au monde qui nous entoure, en copiant les symétries naturelles et en se superposant à elles.* Il suffit d'observer un paysage, en vue aérienne ou satellitaire, pour s'apercevoir que l'un des résultats de l'activité humaine a été de créer des symétries qui n'étaient pas présentes dans la nature : des routes, des lacs artificiels, de grandes cultures, etc. Nous imposons,

Texte de la 14e conférence de l'Université de tous les savoirs donnée le 14 janvier 2000.

d'une certaine manière, à notre environnement, un ordre que nous avons appris à déceler dans la nature.

Je vais donc essayer d'étudier cette boucle de rétro-action, une « boucle de rétroaction », entre, un certain réel, et les mathématiques.

Dans leur premier mouvement, les mathématiques ont pour objet d'épurer, d'imiter ou d'interpréter le réel. Une théorie mathématique est une image intellectuelle. Les nombres mathématiques « 1 », « 2 », « 3 », ne sont que des représentations, sur le papier, ou sur d'autres supports, d'une idée abstraite, qui est une image. Cette image n'est pas un décalque servile de la réalité, de même qu'une pein-ture n'est pas un décalque servile de l'objet représenté. Les figures de la géométrie sont des images. J'en prends un exemple dans une édition moderne d'Euclide : la démons-tration du théorème de Pythagore par tracé d'une figure *(Fig. 1)*. Ceci peut aller très loin, et je montrerai tout à l'heure comment la physique contemporaine fait un large

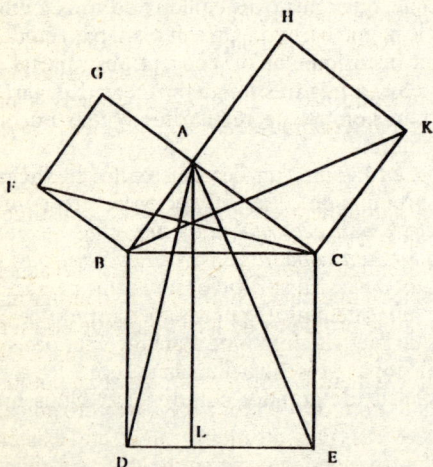

Figure 1

usage de figures symboliques, qui sont des images de concepts abstraits.

Dans un sens opposé, du réel vers les mathématiques, le réel — tout au moins quand nous lui imposons un ordre mathématique — *réalise* et imite les mathématiques dans des constructions artificielles. Une horloge astronomique, par exemple, ce bel objet hérité des siècles passés que l'on peut admirer dans certaines grandes églises, à Strasbourg par exemple, ne nous donne pas le mouvement céleste. C'est un objet artificiel, une construction artificielle, qui exprime ce retour : l'observation a décelé dans les mouvements des astres de grandes régularités, et la théorie mathématique s'incarne à son tour dans un objet qui est un *calque*, une imitation de ce qui se passe en réalité. C'est ce que le scientifique appelle un « modèle ». On peut voir un exemple de cette rétroaction des mathématiques vers les objets dans une machine à calculer primitive telle que le boulier. En fait, nous sommes enveloppés par les mathématiques. Ce bâtiment des Arts et Métiers, l'architecture de cette ville, tout ce qui nous entoure, sont des constructions artificielles, délibérément produites selon un ordre mathématique, même s'il est implicite pour le constructeur. Les ordinateurs sont l'incarnation moderne la plus évidente de cette rétroaction, de cette création d'objets à partir des symétries mathématiques, qui essaient de les imiter ou de les incarner.

Ce double mouvement, par lequel les mathématiques et le réel s'amplifient et se répercutent, constitue une des sources de la fécondité des mathématiques.

Mentionnons tout de suite — pour l'évacuer, car ce serait l'objet d'une autre conférence et d'un autre débat — un redoutable problème lié à notre thème et qui concerne *le degré de réalité* des idéalités mathématiques. On oppose traditionnellement Platon à Aristote sur ce point. On désigne sous le nom de « platonisme » une croyance, plus ou moins élaborée, plus ou moins naïve, en l'existence *réelle* — dans notre monde ou dans un autre — d'objets mathématiques. Certains mathématiciens croient que la suite des nombres « 1, 2, 3... », qui ne se termine pas, existe quelque part. Selon eux, des objets plus sophistiqués : l'ensemble des nombres premiers, l'ensemble des « groupes finis simples », et bien d'autres du même genre, auraient également une existence indépendante de nous, incarnée quelque part dans un monde des idées parallèle ou intérieur au nôtre. Galilée est l'un des premiers à avoir défendu une telle position en déclarant que l'ordre du monde ne pouvait plus s'écrire *que* dans le langage mathématique. Ce qui m'a toujours frappé dans ces discussions souvent très vives entre mathématiciens, ou entre philosophes intéressés aux mathématiques, sur le degré de réalité des idéalités mathématiques, c'est qu'on ne remarque jamais le parallèle avec la musique. Pourtant, Mozart était sincèrement persuadé que dans ses symphonies il ne faisait que refléter une musique céleste, et Bach exprimait des convictions assez analogues. J'ai l'habitude de dire que les anges chantent certainement en allemand, ou peut-être en yiddish pour certains d'entre eux. Quand un musicien dit cela, le plus souvent on sourit ; on admire sa musique mais on ne prend pas forcément à la lettre ce qu'il dit. Un certain nombre de mathématiciens voudraient néanmoins nous obliger à croire la même chose s'agissant des mathématiques. Je ne me lancerai pas dans ce débat, voulant rester plus pragmatique.

Les confusions sur le terme de « réalité » sont fréquentes. Dans un extrait de la bibliographie d'un article de physique mathématique récent, le mot « réalité » apparaît à deux occasions. Il est employé de manière très trompeuse. Dans l'article d'Alain Connes, la phrase : « La géométrie non commutative est la *réalité* » signifie en fait que le *modèle* mathématique qu'il propose, la géométrie non commutative, *rend compte de la réalité*. Et c'est justement dans ce but qu'il l'a inventé : pour essayer de présenter d'une nouvelle manière ce qu'on appelle le « modèle standard des particules élémentaires ».

Le mot « réalité », dans le titre de ces deux articles, mais surtout dans celui de Michael Atiyah, a un autre sens encore totalement différent. En mathématiques, on distingue les nombres *réels* des nombres *complexes*. Cela ne veut pourtant pas dire que les nombres réels sont vraiment *réels*. Croire que les nombres *réels* soient vraiment réels reviendrait à croire à la matérialité de l'infinité des décimales d'un nombre tel que π = 3,14... Le statut épistémologique ou ontologique de cette croyance est pour le moins douteux, chacun en conviendra. D'autre part, on pourrait croire que les nombres *imaginaires* ou *complexes* sont moins « réels » que les *réels*. Or, depuis deux siècles, depuis que Gauss et Argand nous ont expliqué que les calculs sur les nombres complexes ne sont autre chose qu'une traduction symbolique, extrêmement utile et habile, de raisonnements de géométrie plane, et depuis que cette méthode a été utilisée abondamment en électricité et dans d'autres domaines pratiques, il devient impossible de croire que les nombres imaginaires sont plus « imaginaires » que les nombres réels.

Dans les citations précédentes, il s'agit en fait de savoir si, dans certaines théories physiques, on a vraiment besoin d'utiliser les nombres *complexes* dans le formalisme mathématique ou si l'on peut se contenter, au moins en principe, des nombres *réels*. Il ne s'agit pas d'un débat philosophique ou métaphysique, mais de conditions extrêmement strictes, qui doivent se traduire, de manière explicite, par la forme de certaines équations auxquelles on peut choisir d'imposer ou non ces restrictions. Dans l'élaboration d'un modèle de physique mathématique, la réduction ou l'augmentation du nombre des paramètres ajoute ou enlève de la liberté à la théorie, accroît ou diminue la flexibilité de la représentation du monde.

Dans un autre domaine, j'ai animé, il y a quelques mois, un colloque intitulé « La mathématique et le réel », où le terme « réel » était encore pris dans un autre sens, celui que les psychanalystes lacaniens — qui participaient à ce débat — donnent à ce terme : une certaine « réalité » des phénomènes psychologiques, et une certaine « réalité » du sujet.

Le mot « réel » est donc très sujet à caution, et je préfère discuter, non pas des « mathématiques et du réel » — un sujet un peu trop vaste — mais des « mathématiques et de la réalité », sujet également très vaste, mais articulé autour de la thèse que j'ai énoncée d'entrée de jeu.

Avant d'examiner le contenu des mathématiques elles-mêmes, il faut se demander *qui* fait les mathématiques. Ce qui distingue les mathématiques d'autres sciences ou activités humaines, c'est leur caractère « objectif », ou mieux, « intersubjectif ». Non que j'adhère aux thèses des socio-biologistes qui récusent l'objectivité des concepts scientifiques en ramenant l'activité scientifique à un vulgaire marchandage politique, un rapport de forces entre individus, excès dans lequel certains disciples de Thomas Kuhn sont tombés. Mais les mathématiques sont tout de même une science largement « désubjectivisée », plutôt qu'objectivée. Cela signifie que l'on s'efforce de présenter et de transmettre les concepts tels qu'ils ont été créés de telle sorte que l'affect ait disparu au maximum.

À la limite, l'idéal de la présentation mathématique, c'est le canon géométrique que nous avons hérité d'Euclide, qui s'efforce d'évacuer des raisonnements mathématiques tout superflu, et tout ce qui serait entaché de subjectivité. Si l'entreprise mathématique est intersubjective, si elle s'efforce de dégager des concepts et des notions qui s'imposent à tous indépendamment de leur subjectivité et qui puissent être reçus quel que soit l'état interne des émotions du sujet, c'est aussi une œuvre collective. Chaque génération s'élève sur les épaules des géants qui l'ont précédée. Les mathématiques, tout autant que les autres sciences, et même un peu plus qu'elles car leur histoire est plus longue, s'appuient sur l'acquis des générations précédentes. Les remises en cause fondamentales sont moins fréquentes en mathématiques que dans les autres sciences ; ceci ne signifie pas qu'il n'y ait pas de changements de points de vue, ou de « paradigmes », comme disait Thomas Kuhn, mais le processus de développement des mathématiques est plutôt cumulatif, accrétif, que progressant par révolutions. Une notion acquise à un moment donné le restera ; un fait mathématique restera un fait mathématique, même si le mode d'expression en peut changer au cours de l'histoire. Les mathématiques sont une activité très intérieure, justement par le fait de cet idéal de désubjectivisation. Comme Lacan l'avait très bien analysé à propos de Joyce, et, après lui, une de ses disciples à propos de George Cantor, le fondateur de la théorie des ensembles, s'adonner à l'activité mathématique, permet de prendre une distance vis-à-vis de son moi, et peut permettre dans certains cas d'évacuer ou tout au moins de retarder l'éclosion de la psychose ou de la potentialité psychotique. Par ailleurs, il est frappant de constater qu'à l'époque la plus noire de l'aventure de l'URSS, l'École mathématique soviétique a été extrêmement florissante. Les témoignages de première main disponibles aujourd'hui semblent indiquer que dans une société extrêmement hostile et dangereuse, l'activité mathématique, là où elle a réussi à s'imposer socialement comme non menaçante — ce qu'elle était dans le système soviétique — voire parfois utile — car elle pouvait aider les autres sciences, et notamment le complexe militaro-industriel — est un refuge pour les personnalités trop sensibles ou trop indépendantes. *A contrario*, si aujourd'hui l'on a beaucoup de mal à maintenir une école scientifique de bonne qualité à Moscou, c'est que les circonstances sont totalement retournées.

Qu'en est-il de la traduction des idées dans le langage mathématique ?

Pour se transmettre, les idées mathématiques ont certes besoin d'un langage, mais on a sans doute beaucoup trop insisté sur les mathématiques comme *langage* en privilégiant beaucoup trop leur côté « conventionnel ». Poincaré lui-même, au début de ce siècle, avait développé avec beaucoup de vigueur l'idée que les mathématiques n'étaient qu'un *conventionnalisme*. Le débat portait alors sur le point suivant : on pose des définitions parce qu'elles sont commodes, mais y a-t-il un fond de réalité derrière elles ? La forme la plus extrême de l'idée selon laquelle les mathématiques sont un langage, est la position *formaliste*, que l'on rattache le plus souvent au nom de Hilbert, et dont le propos est de construire un langage qui soit cohérent en lui-même, sans se préoccuper de la cohérence avec le monde extérieur. Il s'agit là de la forme la plus extrême de désubjectivisation des mathématiques déjà mentionnée : la position qui réduit les mathématiques à un langage purement conventionnel, pouvant même se coder en suites de « 0 » et de « 1 », et que l'on pourrait manipuler sans aucun état d'âme.

Certes, il est important de dire que toute idée doit se traduire dans un langage et qu'un langage est nécessaire pour communiquer. Or l'activité des mathématiciens est aussi une *genèse de formes complexes*, qu'il faut désigner. Au début de l'histoire des mathématiques, les mathématiciens grecs se sont trouvés dans l'obligation de nommer ce que nous appelons « sphère » ou « cube », etc. Mais il s'agissait pour eux des mots tout à fait communs, tandis que, pour nous, ce sont des termes « savants ». Comme les mathématiciens empruntent au langage savant, ou au langage commun, des formes verbales expressives (« tonneau », par exemple, fut le nom donné à une figure géométrique particulière), on peut, par mégarde, prendre ces désignations *à la lettre* : imaginer qu'un « tonneau » est un *vrai* tonneau. Le poète Jacques Roubaud est sans doute celui qui a le mieux analysé ce jeu de dupes dans son livre intitulé *Mathématique récit* ; il y décrit sa jeunesse mathématique — il a été mathématicien avant d'être poète — contemporaine de la grande vague mathématique des années 1960, qu'on associe d'habitude au nom de Bourbaki. Dans les personnages — tout à fait réels — décrits par Roubaud, se trouve celui du mathématicien dogmatique qui ne croit qu'aux mathématiques, incapable de se situer dans le monde environnant, mais vivant intensément les fantasmes du langage axiomatique. Il existe dans le monde mathématique quelques personnalités *limites* de ce type-là.

Passons à un côté plus positif des rapports entre mathématiques et réalité.

Les mathématiques ont cette extraordinaire possibilité d'employer à bon escient et de manière efficace des *fictions*. La plupart des objets dont elles traitent sont des fictions. L'opinion courante fait reposer l'ensemble des mathématiques, par une succession de réductions, sur un socle fondamental, qui ne serait pas une fiction, et constituée par les nombres « naturels » : 1, 2, 3... Mais qui peut imaginer un nombre qui aurait un milliard de milliards de milliards de milliards de chiffres ? Ce nombre-là n'a pas de sens, puisqu'il aurait trop de chiffres pour qu'on puisse même matériellement l'écrire : c'est une fiction. Il y a beaucoup de fictions en mathématiques ; elles sont extrêmement utiles car elles permettent un décrochage par rapport à la réalité, un voyage dans l'imaginaire et l'abstrait, qui permet de revenir ensuite dans le concret, beaucoup plus loin.

À côté des fictions mathématiques, il y a des outils extraordinairement performants. Un des buts des mathématiques est de dégager et d'organiser un *savoir-faire de nature combinatoire* : numérations de plus en plus performantes pour traiter de nombres de plus en plus grands, description de formes géométriques et d'agencement. Cette idée selon laquelle les mathématiques sont un *réservoir de formes* est primordiale. J'ai bien dit « savoir-faire », et j'oppose « savoir-faire » à « savoir ». Ce qui distingue le savoir-faire du savoir, c'est que le savoir-faire se transmet, par les mots, les livres, les manuels, les cours, mais aussi et surtout par *la main*. Gilles Châtelet, récemment décédé, qui avait exploré cette idée dans un livre extrêmement remarquable traduisait cela par la notion de « geste » ; il disait que la création mathématique était d'abord « un geste ». Il a fort bien analysé cela en étudiant la création du calcul vectoriel au XIXe siècle, en liaison avec la physique de ce siècle, c'est-à-dire la physique de l'électricité et des forces. C'est là une intuition très profonde. Le fait que les mathématiques sont un « savoir-faire » leur donne cet aspect objectif, ce détachement par rapport à la subjectivité. Le geste s'apprend par imitation ou se copie, ou se lit, mais il doit, en principe, être détaché de toute affectivité.

Le *savoir*, quant à lui, est plutôt le discours organisateur autour du *savoir-faire*. Le savoir-faire mathématique, c'est ce que l'on peut mettre dans un bon répertoire, dans un bon dictionnaire. Il y a des formulaires mathématiques, des tables numériques — d'ailleurs périmées aujourd'hui car les ordinateurs fournissent les valeurs de manière

instantanée sans que l'on ait besoin de les imprimer une
fois pour toutes —, divers répertoires mathématiques, des
ouvrages géométriques. Ce sont là des faits ou un « savoir-
faire » qui vont se transmettre, de la même manière que,
de génération en génération, on transmet l'art de faire un
mur droit, un plafond qui ne s'effondre pas, etc. (l'architecture et les mathématiques sont si intimement liées que
l'image n'est pas forcée). Le savoir est, à chaque époque, le
discours qui essaie d'organiser ce savoir-faire, de déceler
les articulations entre les diverses parties du savoir-faire et
de décrire les conditions du développement ultérieur.
Le savoir est un peu *l'idéologie* autour du savoir-faire,
et le savoir-faire a une certaine existence indépendante :
il s'incarne souvent en mathématiques par une *création de
formes*.

Voici, tiré d'un ouvrage de géométrie classique de
Coxeter — un grand géomètre canadien âgé de 95 ans —
un polyèdre à quatre dimensions *(Fig. 2)* bien difficile à
représenter dans notre espace à trois dimensions car deux
dimensions seulement sont visibles sur le dessin. Si on
l'analyse en détail, c'est un objet extrêmement complexe et
harmonieux, avec beaucoup de symétries ; une fois qu'il a
été décrit, mis en place, il existe. Contrairement à ce que
l'on dit d'habitude, les mathématiques ne sont pas que les
équations. Le stock des représentations et des possibilités
mathématiques est bien plus riche que le simple stock
d'équations. Les *figures géométriques* jouent un rôle extrêmement important, mais elles peuvent être réalistes ou
symboliques : il y a tout un art d'organiser de manière
visuelle des calculs complexes dont les organigrammes
représentent une version banalisée. Le savoir-faire des
mathématiciens consiste à créer des outils performants. Il
y en a une quantité imposante. Prenons l'exemple de la
numération, et de tous les systèmes qui se sont succédé au
cours de l'histoire. Au cours des siècles, le progrès de
l'humanité a consisté à affiner les modes de représentation
des nombres, et, par voie de conséquence, les calendriers,
les horloges, etc. Mais il y a d'autres objets mathématiques
qui ont une signification tout aussi importante. Voyez ici

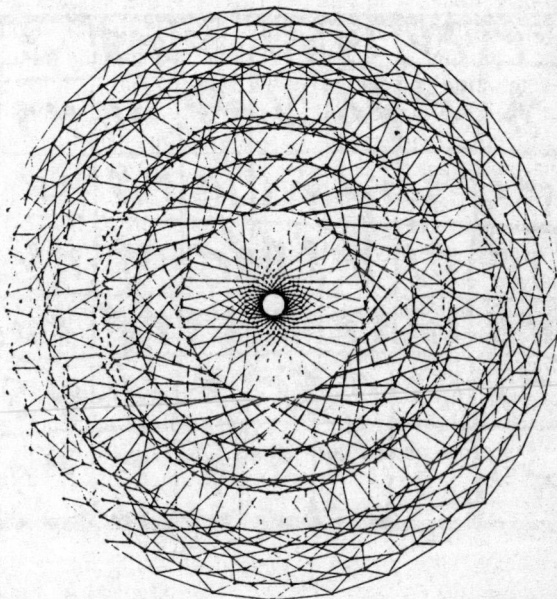

Figure 2

un des premiers exemples de ce qu'on appelle en mathématiques une « matrice » *(Fig. 3)*, issu d'un ouvrage arabe datant du XIᵉ siècle et portant sur les carrés magiques. Il s'agit d'un jeu où l'on écrit des nombres dans un tableau. Une matrice est un tableau de ce genre, rempli de nombres. C'est un outil très ancien puisque les jeux mathématiques y conduisaient.

À l'époque moderne, les matrices sont devenues un outil absolument fondamental, et la première chose qu'un étudiant en sciences apprend au sortir du baccalauréat, c'est le calcul matriciel. Quand on veut faire des applications des mathématiques à la modélisation réelle, construire

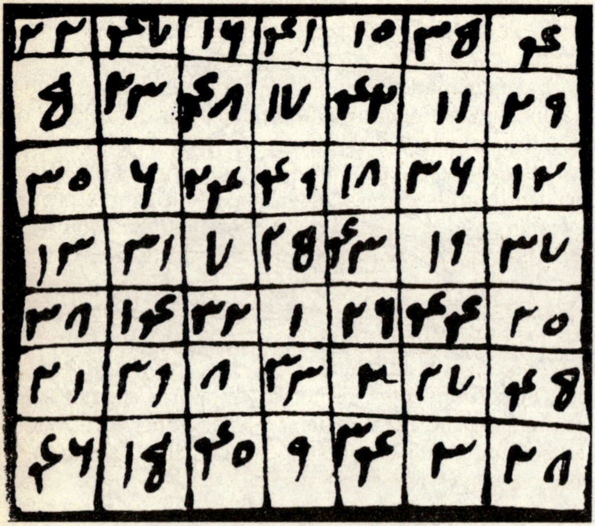

Figure 3

des modèles de trains, d'avions, de fusées, etc., l'outil de base du calcul numérique, c'est l'analyse matricielle. Or, l'étonnant, c'est que les matrices, qui avaient été introduites par les mathématiciens au XIXᵉ siècle, de manière indirecte, sous le nom de « déterminants », ont été redécouvertes et repopularisées par les physiciens dans les années 1925-1926, quand on a créé la mécanique quantique. En effet, Heisenberg a pris les matrices comme objet fondamental pour son modèle de la physique quantique. Ces matrices sont des objets très *naturels*. La traduction des matrices en économie, c'est ce qu'on appelle le « modèle de Leontiev ». C'est quelque chose de très simple que n'importe quel comptable ou n'importe quelle personne qui planifie une production utilise implicitement. Jusque dans les années 1920, c'était pourtant resté un objet relativement ésotérique. Il y a certes une *forme idéale* de la matrice, mais elle s'incarne dans quelque chose de tout à fait concret.

Le mathématicien va plus loin que l'évidence lorsqu'il imagine un tableau carré à un milliard par un milliard de cases à manipuler : il ne peut alors plus le faire avec le secours de la vision, d'un papier et d'un crayon, mais il est contraint d'utiliser l'ordinateur, créé tout exprès par les ingénieurs où, ce qui était une fiction mathématique — la matrice avec des milliards de milliards de nombres — s'incarne dans un objet qui, lui, n'est pas une fiction.

La matrice et sa postérité sont une très belle illustration de ce double mouvement de va-et-vient, entre les mathématiques et la réalité.

On pourrait citer de nombreux autres exemples : la présentation dite « lagrangienne » (par principe variationnel) de la mécanique, qui est la plus profonde, la notion de « dérivée » et la notion d'« intégrale », qui sont devenues fondamentales en économie, en physique, etc., mais aussi des choses plus anciennes comme les formules géométriques (le volume de la sphère, le volume de la pyramide) ou encore — une des grandes créations du XIXe siècle — le calcul vectoriel.

Ce qui apparaît à chaque fois, au cours de ces développements, c'est que l'on a affaire à *des outils à usages multiples*. Quand les mathématiciens ont dégagé une notion comme celle de matrice, cette notion est tellement flexible qu'en face d'un nouveau problème, on peut essayer d'en faire un modèle avec des matrices. Toute l'ingénierie, l'électricité, utilisent à fond le calcul vectoriel, et ses diverses variantes.

La *combinatoire* est certainement l'une des grandes acquisitions de notre siècle. Je vais en donner deux exemples : d'une part, un extrait de la IVe symphonie d'Anton Bruckner, dont Coxeter était particulièrement amoureux *(Fig. 4)*, et, d'autre part, un tableau de nombres. Le mathématicien peut créer des formes qui sont tout à fait analogues aux formes musicales. Un des objets de la création

*Figure 4 – Fourth Symphony, bars 131-4
(Anton Bruckner).*

mathématique, c'est de créer des formes analogues aux formes musicales, qui ne désignent ni plus ni moins que ces formes musicales. Alors que chacun conviendra que les formes musicales sont faites pour susciter l'émotion, on ne laissera pas de se poser la question s'agissant des formes mathématiques. À notre avis, autant la gestation des mathématiques doit être faite de manière indépendante de toute sensibilité, et de tout affect ; autant, une fois que l'objet mathématique existe, il a très souvent une beauté propre, tel ce grillage symbolisant un polyèdre à quatre dimensions.

Ce qu'on appelle triangle de Pascal en France, c'est les coefficients du binôme. On peut en trouver une version de 1300, en chinois, datant donc de plus de 350 ans avant Pascal *(Fig. 5)*.

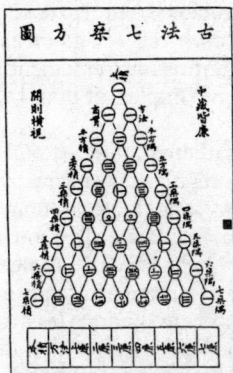

Figure 5 – Le « triangle de Pascal »
dans un ouvrage chinois de Chou Chi-kié (1303)[1].

Un autre exemple de combinatoire, extrait d'un
ouvrage sur la théorie des particules élémentaires est ce
qu'on appelle des diagrammes de Feynman et c'est un
exemple typique de représentation symbolique des combinatoires. Chacun de ces dessins représente un processus
qui pourrait se passer entre des particules élémentaires.
C'est un code qu'il faut connaître et comprendre. La grande
découverte de Feynman, c'est que, alors que l'on peut imaginer qu'il s'agit d'une représentation un peu symbolique
mais assez réaliste de particules, de neutrons, qui se
cognent les uns contre les autres, et rebondissent les uns
contre les autres, c'est en même temps une manière très
condensée de *coder tout un calcul*. Ceux qui sont entraînés
à lire ce genre de diagrammes voient immédiatement
tous les calculs qu'il faut faire ou qu'il faut demander à
l'ordinateur de faire. C'est là une des caractéristiques les
plus étonnantes des mathématiques que cette possibilité de
créer des outils à usages multiples, et qui ont l'air d'être
tout à fait ludiques.

N'oublions pas le côté esthétique : l'algèbre dite moderne, qui commence par l'exposé des groupes, des anneaux, puis les corps et des modules, contient de fort belles choses, des notions extrêmement épurées, aux définitions extrêmement simples, et dont l'efficacité est extraordinaire.

L'objet des mathématiques est *d'inventer un ordre*. Il y a de nombreuses régularités et symétries dans la nature. Les plus belles sont sans doute le mouvement des astres. Ce spectacle de la régularité du mouvement céleste est merveilleux, et l'on peut en jouir en permanence. C'est la première des grandes régularités qui aient été décelées. Mais à partir du moment où nous les avons décelées, nous sommes en train de les *réimposer* au monde. La numérisation accrue des relations sociales et la monétarisation sont certainement le produit de ce retour des mathématiques. Si, aujourd'hui, les modèles de mathématique financière fonctionnent si bien, c'est parce que les règles du jeu ont été faites de manière à ce qu'ils fonctionnent bien. Avec Internet et la Bourse qui fonctionnent pratiquement en permanence à la surface du globe, les règles du jeu ont été modifiées de manière à ce qu'elles obéissent à un certain modèle mathématique, et les acteurs financiers s'accordent sur le fait que le jeu se joue avec un certain nombre de règles.

Un des objets des mathématiques est aussi d'expliquer cet ordre à elles-mêmes, de *garantir leur fonctionnement* et leur efficacité. Cela nous renvoie au rôle des démonstrations auxquelles certains veulent réduire exclusivement les mathématiques. Je pense pour ma part que les démonstrations jouent un rôle fondamental — il n'y aurait pas de mathématiques sans démonstration — mais que les démonstrations sont un peu comme une assurance.

Une des caractéristiques du raisonnement mathématique, c'est l'entêtement.

À partir du moment où je me suis permis de faire une chose, je peux la répéter indéfiniment. La plus simple des répétitions est l'engendrement des nombres : 1, 1 + 1 = 2, 2 + 1 = 3, etc. La possibilité — et Descartes l'a exprimée avec force — de *répéter* avec obstination la même démarche ou le même raisonnement, c'est la base du raisonnement mathématique. Mais le prix à payer existe : il faut être *certain* qu'on n'arrivera pas à des absurdités ou des contradictions, car le mathématicien ne veut énoncer que des vérités certaines. Si l'accumulation, au-delà de tout horizon pensable, du même procédé répété indéfiniment conduisait à des contradictions, ce serait lamentable. Le travail des logiciens a été d'essayer de démontrer *a priori* que cela ne pouvait se produire, mais cela n'a pas été un succès total. On commence aujourd'hui à se rendre compte que cette obsession de la non-contradiction, garant de la rigueur, n'est pas forcément une bonne chose.

Quand on souscrit un contrat d'assurance, tout ce que l'on veut, c'est que le contrat d'assurance garantisse en cas de catastrophe ; on espère que la catastrophe n'arrivera pas trop souvent, mais on espère que l'assurance est là pour pallier. Si un système de raisonnement mathématique peut en principe conduire à une contradiction, mais que cette contradiction est si complexe que personne, pour des raisons de limitation physique, ne pourra jamais l'exhiber, *c'est comme si elle n'existait pas*.

De nos jours, on s'achemine peu à peu vers des théories *paraconsistantes*, où l'on n'essaie pas de démontrer qu'il n'y aura jamais de contradiction, où l'on estime satisfaisant de la repousser au-delà de tout horizon prévisible.

Le monde régulé par les mathématiques est donc un monde où l'on veut *minimiser la part des aléas*. Tout le système monétaire et de la protection sociale, qui est hautement mathématique dans sa conception, est justement fait pour réduire les aléas. De larges pans des mathématiques sont en fait consacrés à contrôler les aléas, et si possible, à faire surgir un ordre sous-jacent dans un désordre apparent. Aujourd'hui, de nombreuses théories mathématiques dont chacune a connu son heure de gloire : les fractales, le chaos, les ondelettes, les catastrophes, tournent autour de la même idée. Dans des formes qui n'étaient pas mathématisées jusque-là, parce que leur complexité paraissait défier la régularité mathématique, on essaie de déceler une régularité sous-jacente, de l'isoler et de la contrôler. C'est une des fonctions importantes des mathématiques d'essayer de réduire cet aléa.

Dans cette perspective de construction d'un ordre, le développement historique des mathématiques, leur validité théorique ou pratique, le degré de certitude qu'elles procurent, leur fondement et leur unité : tous ces problèmes se présentent sous un jour nouveau. Dans les années 1900, on a énormément débattu des fondements des mathématiques et de leur unité, qu'on essayait de la voir par une organisation logique. Le grand traité de Bourbaki, qui est l'*Encyclopédie* des mathématiques pour les années 1940-1980, partait d'un présupposé logique, et essayait de construire une pyramide où les diverses notions mathématiques s'engendraient les unes les autres à partir des plus abstraites et des plus générales, qui étaient les ensembles. Tout devait s'articuler dans une structure pyramidale bien précise.

Je ne suis pas sûr que ce soit la meilleure allégorie pour représenter l'ensemble des mathématiques. Je considérerais plutôt les mathématiques en termes de physiologie, comme un organisme, où il n'y aurait pas de centre mais plutôt un réseau, où diverses parties importantes se répondent, interagissent, cette unité organique étant possible parce que les mêmes outils mathématiques peuvent se réemployer dans de nombreuses incarnations. Là est l'extraordinaire : dans le réemploi des outils mathématiques, dans le dynamisme qui les fait s'engendrer. La meilleure image pour symboliser les mathématiques, c'est la vie organique.

RÉFÉRENCE

1. COLLETTE (J.-P.), *Histoire des mathématiques*, Vuibert.

L'Énigme du théorème de Fermat

---

par Yves Hellegouarch

Pendant très longtemps le « Dernier Théorème de Fermat » a été une « énigme » des mathématiques au sens donné à ce mot par Thomas Kuhn dans son ouvrage sur *La Structure des révolutions scientifiques*. Il s'agit en effet d'une assertion dont la preuve a résisté à 350 années d'efforts de la part d'un nombre incalculable de mathématiciens. Comme toutes les autres affirmations du mathématicien toulousain avaient pu être élucidées (plus ou moins facilement) à l'aide des ressources de la science « normale » cette assertion est devenue mythique sous le nom de « Dernier Théorème de Fermat ».

Dans les années 1970, l'effet de découragement de ces 350 années d'échecs relatifs était tel qu'il était de bon ton de dire que l'assertion de Fermat n'était pas suffisamment générale pour être considérée comme significative ou qu'elle était soit indémontrable soit fausse. Mais en l'espace d'une trentaine d'années la communauté mathématique a radicalement changé sa perception de la question en passant d'un désintérêt plus ou moins courtois à l'enthousiasme le plus vif ! On s'est soudainement mis à croire à la véracité de l'assertion de Fermat vers 1985 et cette disposition d'esprit a été un puissant stimulant pour l'édification des difficiles théories qui ont conduit à sa démonstration.

Texte de la 168ᵉ conférence de l'Université de tous les savoirs donnée le 16 juin 2000.

Le temps qui m'est imparti ne me permet pas de m'interroger sur la signification du succès populaire de ce mythe ni de résumer ces 350 années d'efforts non concluants et je me bornerai à quelques mots sur la nature du problème et sur les grandes lignes de la stratégie de sa preuve avant de conclure. Naturellement il n'est pas question d'entrer ici dans les détails d'un travail très technique.

Nature du problème

La page des *Arithmétiques* de Diophante qu'étudiait Fermat lorsqu'il a écrit sa remarque célèbre proposait de « diviser » un carré donné en deux autres carrés — par exemple de « diviser » 25 en 9 plus 16. Ce que Fermat a remarqué est qu'il n'est pas possible de faire de même avec des puissances n-ièmes lorsque $n \geq 3$. Plus tard il a donné sa démonstration pour $n = 4$ et a affirmé à plusieurs reprises qu'il possédait une démonstration pour $n = 3$ (ce qui n'est pas facile).

La nature de ce problème était étrange pour les contemporains de Fermat qui étaient plus familiers des « grandeurs » que des « nombres » — entendez « nombres entiers naturels strictement positifs ». En effet l'assertion de Fermat est complètement fausse lorsqu'on ne s'intéresse qu'aux « grandeurs » (nombres réels). Elle le serait aussi si l'on s'intéressait à d'autres systèmes de nombres, analogues aux nombres réels, et que l'on appelle des nombres p-adiques (ici p désigne un nombre premier).

Si cela n'avait pas été le cas, le problème aurait été facile à démontrer ; il aurait été « localement trivial » comme on dit de nos jours. Si, par exemple, Fermat avait écrit que l'équation $a^n + 2b^n = 4c^n$ est impossible en entiers strictement positifs lorsque $n \geq 3$, cela aurait été facile à prouver car cette équation ne possède pas de solutions 2-adiques non triviales. Comme Fermat aimait faire « sécher » ses correspondants, il ne s'intéressait qu'aux problèmes difficiles et, en fait, son assertion est difficile car elle ne peut pas être prouvée par un nombre fini de considérations locales : on dit que c'est un problème « global ».

Bien que Fermat ait partagé avec Descartes l'honneur de la création de la « géométrie analytique » il n'est pas certain qu'il ait envisagé son problème en termes géométriques. Pourtant, lorsque n est impair, son assertion revient à dire que la courbe projective d'équation :

$$X^n + Y^n + Z^n = 0 \qquad (F_n)$$

ne possède que trois points rationnels lorsque $n \geq 3$, ce sont les points de coordonnées homogènes $(0, 1, -1)$, $(-1, 0, 1)$ et $(1, -1, 0)$. Nous dirons que ces trois gêneurs sont les *points triviaux* de la courbe (F_n). Ils sont en partie responsables de la difficulté du problème car ils existent bel et bien.

Voici une représentation affine de la courbe (F_n) pour n impair ≥ 3 *(Fig. 1)* :

Terminons en remarquant que l'assertion de Fermat n'est qu'une goutte d'eau dans un océan d'assertions semblables dont beaucoup sont encore plus difficiles à prouver. Une telle assertion, très voisine de celle de Fermat, est la conjecture de Dénes qui affirme que si $n \geq 3$ et si la somme de deux puissances n-ièmes est le double d'une puissance n-ième, alors toutes ces puissances sont égales. Cette assertion signifie, lorsque n est impair, que la courbe de Dénes :

$$X^n + Y^n + 2Z^n = 0 \qquad (D_n)$$

ne possède que deux points rationnels qui sont $(1, -1, 0)$ et $(-1, -1, 1)$. Voici une représentation affine de la courbe (D_n) pour n impair ≥ 3 *(Fig. 2)* :

Stratégie de la preuve de Wiles

L'origine de la nouvelle approche du théorème date probablement de la fin des années 1960 (pas plus tard que 1969 en tout cas) et provient d'un problème de la théorie des courbes elliptiques définies sur les rationnels qui était encore ouvert à cette époque (conjecture de Beppo-Levi,

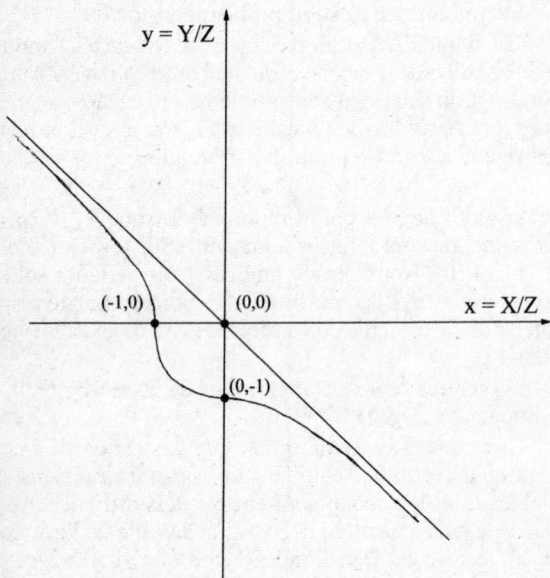

Figure 1 – Courbe de Fermat F_n pour n impair ≥ 3.

encore appelée « conjecture folklorique ») et qui est devenu un théorème de Barry-Mazur en 1977.

Une courbe elliptique définie sur $\mathcal{Q}$ peut-être représentée par une cubique plane (c'est-à-dire une courbe du troisième degré) à coefficients rationnels, possédant au moins un point rationnel ($X^3 + 2Y^3 + 4Z^3 = 0$, n'est donc pas une courbe elliptique définie sur $\mathcal{Q}$) et sans point multiple ($Y^2Z - X^3 = 0$ n'est pas une courbe elliptique).

Grâce à ses points triviaux (F_3) est une courbe elliptique définie sur $\mathcal{Q}$. En voici une autre :

$$Y^2Z - YZ^2 = X^3 - X^2Z \qquad\qquad (E)$$

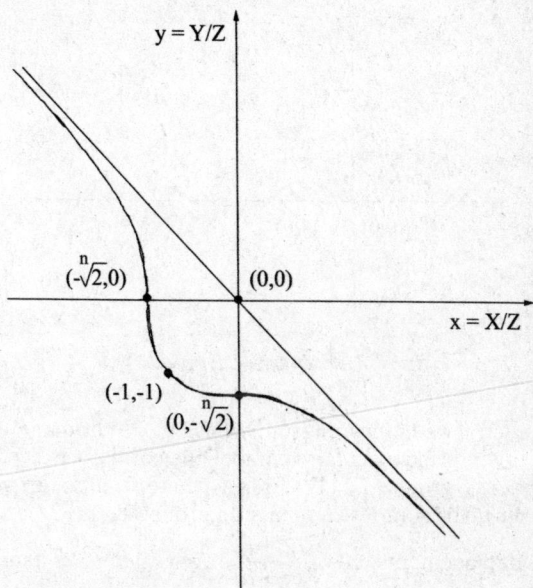

Figure 2 – Courbe de Dénes D_n pour n impair ≥ 3.

Cette courbe est appelée une *courbe de Weil* (en hommage au mathématicien André Weil) parce qu'elle est intimement liée à la série *(Fig. 3)* :

$$F(q) = q \prod_{n=1}^{\infty} (1 - q^n)^2 (1 - q^{11n})^2 = \sum_{n=1}^{\infty} A_n q^n$$

En effet on montre que le nombre de points de la réduction de la courbe *(E)* dans un corps fini $\mathbb{F}_l$ (pour $l \neq 11$) est égal à $l + 1 - A_l$. Or si l'on pose $q = e^{2ipz}$, où z est un nombre complexe de partie imaginaire positive, on s'aperçoit que la fonction analytique $z \to F(e^{2ipz})$ possède des propriétés d'invariance extrêmement fortes vis-à-vis d'un groupe de déplacements du demi-plan complexe supérieur pour la

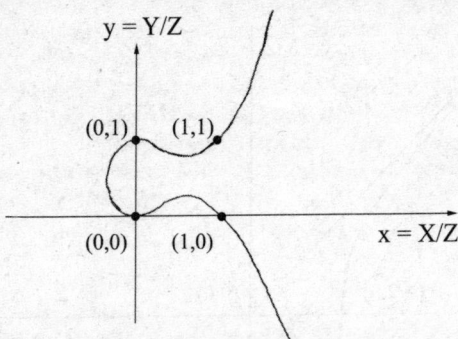

Figure 3 – Exemple de courbe de Weil.

géométrie de Poincaré (groupe $\Gamma_0(11)$). On dit que $F(e^{2ipz})$ est une « forme modulaire parabolique normalisée de poids 2 pour le groupe $\Gamma_0(11)$ ». Mais peut-être aimeriez-vous savoir quels sont les éléments du groupe $\Gamma_0(11)$? Ce sont les déplacements $z \to \dfrac{(az+b)}{(cz+b)}$, avec a, b, c, d dans $\mathbb{Z}$, $ad - bc = 1$ et c divisible par 11.

La conjecture de Shimura-Taniyama-Weil (STW en abrégé) initiée par Taniyama en 1958 consiste à dire que toute courbe elliptique définie sur $\mathbb{Q}$ provient d'une forme modulaire analogue à $F(e^{2ipz})$.

Depuis assez longtemps on sait définir une addition sur les points complexes d'une courbe elliptique E définie sur $\mathbb{Q}$. On choisit comme zéro ω pour cette addition un des points rationnels de E et on se débrouille pour que trois points alignés aient une somme fixe. L'ensemble des points complexes de E (noté $E(\mathbb{C})$) devient alors un groupe abélien pour cette addition et le sous-ensemble des points rationnels de E (noté $E(\mathbb{Q})$) en est un sous-groupe. Si p est un nombre premier on peut diviser le zéro ω du groupe $E(\mathbb{C})$ par p et on trouve p^2 points M de $E(\mathbb{C})$ tels que M ajouté à lui-même p fois redonne ω. Ces points forment un sous-groupe de $E(\mathbb{C})$ que l'on appelle le groupe des points de

p-division de E et que l'on note $E[p]$. On montre qu'il est isomorphe au produit de deux groupes cycliques d'ordre p, c'est donc un plan vectoriel sur le corps fini $\mathbb{F}_p$.

Arrivés à ce stade nous devons définir la fermeture algébrique des rationnels $\mathbb{Q}$ dans le corps des complexes $\mathbb{C}$, car c'est un des objets essentiels de la théorie. Pour cela nous pouvons considérer le groupe $\mathrm{Aut}(\mathbb{C})$ des automorphismes du corps des complexes : c'est l'ensemble des permutations de $\mathbb{C}$ qui préservent l'addition et la multiplication de $\mathbb{C}$, il y en a une infinité. Un nombre complexe z est dit « algébrique » s'il ne possède qu'un nombre « fini » d'images par tous les éléments de $\mathrm{Aut}(\mathbb{C})$. Pour donner des exemples, on vérifie facilement que $i = \sqrt{(-1)}$ et $\sqrt[3]{2}$ sont des nombres algébriques, mais un théorème célèbre nous apprend que π n'en est pas un. En effet, on montre que pour qu'un nombre complexe soit algébrique, il faut et il suffit qu'il soit racine d'un polynôme non nul à coefficients rationnels. Or Lindemann a démontré en 1882 que le nombre π ne possède pas cette dernière propriété.

Comme les automorphismes de $\mathbb{C}$ conservent l'alignement sur une cubique E définie sur $\mathbb{Q}$, ils induisent des automorphismes du groupe $E[p]$ et, comme ce groupe est fini, on en déduit que tous les points de $E[p]$ ont des coordonnées algébriques. L'ensemble de tous les nombres algébriques de $\mathbb{C}$ est stable pour l'addition et la multiplication, c'est donc un sous-corps de $\mathbb{C}$ qui est appelé le corps des nombres algébriques et que l'on note $\overline{\mathbb{Q}}$. Le groupe des automorphismes de ce corps est appelé le « groupe de Galois absolu $G_{\overline{\mathbb{Q}}}$ ». Ce groupe infini est un des protagonistes essentiels de notre histoire car il permet de caractériser la rationalité d'un nombre algébrique : un nombre algébrique invariant par tous les automorphismes de $\overline{\mathbb{Q}}$ est rationnel (la réciproque est évidente). L'action du groupe de Galois absolu sur $E[p]$ permet donc de savoir si $E[p]$ possède des points rationnels : est rationnel un point de $E[p]$ qui ne bouge pas sous cette action. L'idée d'une telle action est une « représentation galoisienne » (dans un jargon plus technique on dit aussi qu'il s'agit d'une représentation linéaire continue de $G_{\overline{\mathbb{Q}}}$, de degré 2 sur le corps $\mathbb{F}_p$).

En 1969, aux Journées Arithmétique de Bordeaux, j'ai proposé d'associer à une solution primitive (a, b, c) de l'équation (F_p) avec p premier ≥ 5, une cubique définie sur les rationnels dont voici l'équation :

$$y^2 = x(x - a^p)(x + b^p) \qquad (\Gamma_{a, b, c})$$

et d'en étudier les points de p-division.

Je ne vous ai pas encore dit ce qu'est une « solution primitive » de l'équation (F_p), c'est simplement une solution (a, b, c) telle que a, b, c soient premiers entre eux.

Dans l'écriture de l'équation de $\Gamma_{a, b, c}$, le nombre c n'apparaît pas. En fait il est caché et un changement convenable de l'origine des abscisses montre que les courbes $\Gamma_{a, b, c}$, $\Gamma_{b, c, a}$ et $\Gamma_{c, a, b}$ sont les mêmes.

En réalité cette construction donne deux courbes $\Gamma_{a, b, c}$ et $\Gamma_{b, c, a}$ et, beaucoup plus tard, on a appelé « courbe de Frey » la plus belle de ces courbes. Ces cubiques permettent de donner un sens mathématique à la distinction entre solutions triviales et solutions non triviales de (F_p) puisqu'elles ne sont des courbes elliptiques que si la solution (a, b, c) est non triviale.

En réalité nos courbes elliptiques hypothétiques sont surtout intéressantes par les représentations du groupe de Galois absolu qu'elles fournissent à travers leurs points de p-division. Ces représentations donnent une image étrangement policée du monstrueux groupe de Galois absolu, de sorte que nos courbes (telle la jument de Roland) sont trop belles pour exister, mais comment le voir ?

Telle était la question en 1969 : à l'impossibilité de l'existence de solutions primitives non triviales de l'équation de Fermat on avait substitué l'impossibilité d'existence des courbes $E_{a, b, c}$. C'est-à-dire que l'on avait simplement déplacé le problème, mais en le transformant de manière substantielle. Un point d'attaque possible aurait été de dire que ces courbes contredisaient les conjectures formulées par J.-P. Serre au sujet des représentations galoisiennes de degré 2, mais ces conjectures paraissaient encore difficiles et lointaines. Ce n'est qu'en 1985 que Gerhard Frey eut l'intuition fondamentale de la marche à suivre : les courbes $E_{a, b, c}$ ne peuvent pas vérifier la conjecture de Shimura-

Taniyama-Weil, sinon les conjectures de Serre devraient s'appliquer à nos représentations linéaires du groupe de Galois absolu et on aurait une contradiction.

Cette géniale intuition était en fait une conjecture sur deux conjectures : elle conjecturait que si les courbes $\Gamma_{a, b, c}$ vérifiaient la conjecture STW elles vérifieraient alors les conjectures de Serre. La conjecture de Frey fut démontrée en 1986 par Ken Ribet, ce qui lui valut le prix Fermat. C'est un travail considérable et extrêmement habile sur les formes modulaires dans lequel on prouve une sorte de théorème de « descente » à la Fermat.

Moyennant la conjecture de Shimura-Taniyama-Weil, Ribet prouve la non-existence de la forme modulaire parabolique normalisée qui devrait être associée aux représentations du groupe de Galois absolu à travers les points de p-division des courbes $\Gamma_{a, b, c}$: cette forme modulaire serait trop simple pour ne pas être nulle, ce qui est impossible puisque le premier terme de son développement doit être égal à q.

Il ne restait plus qu'à démontrer la conjecture de Shimura-Taniyama-Weil, tâche qui paraissait alors inaccessible aux spécialistes les plus chevronnés. Pourtant cette tâche a été réalisée (pour une classe de courbes elliptiques suffisamment large pour inclure les courbes de Frey) le 19 septembre 1994 par Andrew Wiles, après une longue période de réflexion solitaire dans laquelle il a utilisé les travaux de très nombreux mathématiciens (citons sans vouloir être exhaustif : Tunnel, Langlands, Serre, Mazur, Taylor, de Shalit).

Quant à la conjecture STW elle-même, qu'est-elle devenue ? Après avoir été peu à peu grignotée par Brian Conrad, Fred Diamond et Richard Taylor, elle est finalement tombée en 1999 grâce à l'aide décisive de Christophe Breuil. Parallèlement à ces travaux extrêmement techniques, de nombreuses applications à des équations à la Fermat ont été développées. En particulier la conjecture de Dénes (plus difficile que celle de Fermat !) est devenue un théorème de Darmon et Merel.

Brève conclusion

L'énigme dont nous avons parlé a été un stimulant puissant pour écrire un énorme chapitre de la théorie des nombres et son statut est passé de celui d'énigme à celui de paradigme.

Rappelons ce que dit Kuhn à ce sujet :

« Le *succès* d'un paradigme est en grande partie au départ une promesse de succès, révélée par des exemples choisis et encore incomplets. La science normale consiste à réaliser cette promesse, en étendant la connaissance des faits que le paradigme indique comme particulièrement révélateurs, en augmentant la corrélation entre ces faits et les prédictions du paradigme, et en ajustant le paradigme lui-même. » En fait, le paradigme de Fermat a été étendu aux équations :

$$x^p + y^p + l^\alpha z^p = 0$$

Pour $p \geq 11$, $\alpha \geq 0$ et $l = 3, 5, 7, 11, 13, 17, 19, 23, 29, 53$ et 59 par J.-P. Serre et on a vu que le cas $l = 2$, $\alpha = 1$, est tombé pour ($p \geq 3$) grâce à Darmon et Merel.

Mais Darmon et Granville ont encore étendu la même démarche à des équations du type :

$$x^n + y^n = z^2 \; ; \; x^n + y^n = z^3 \; ; \; Ax^p + By^q = Cz^r$$

Il serait fallacieux de croire que ce chapitre achève la théorie des nombres. Bien au contraire, il ouvre la porte sur d'autres conjectures (conjecture ABC, conjecture de Birch et Swinnerton-Dyer, etc.) et s'inscrit dans un vaste programme (le « programme de Langlands ») qui vise à relier de grandes parties de la géométrie algébrique, de l'algèbre et de l'analyse.

Nous ne pouvons pas parler ici de toutes ces énigmes, mais il est néanmoins tentant de dire un mot de la conjecture ABC car elle ressemble à la conjecture de Fermat (devenue Théorème de Wiles). Une relation ABC est une relation du type :

$$A + B + C = 0$$

dans laquelle A, B, C sont des entiers non nuls et premiers entre eux. On appelle « radical » de cette relation, et on note rad(ABC), le produit des nombres premiers qui divisent le produit ABC.

Deux conjectures voisines (la conjecture de Szpiro énoncée en 1983 et la conjecture ABC proprement dite énoncée par D. W. Masser et J. Oesterlé en 1985) affirment que les nombres A, B, C ne peuvent pas être grands en valeur absolue lorsque rad(ABC) est petit.

D'une manière légèrement plus précise, la conjecture de Szpiro dit que | ABC | ne peut pas être très grand lorsque rad(*ABC*) est petit et la conjecture *ABC* dit que sup(| A |, | B |, | C |) ne peut pas être très grand lorsque rad(ABC) est petit.

On trouvera dans les textes de Hellegouarch et Oesterlé cités dans la bibliographie, des énoncés précis de ces conjectures. Retenons cependant que ces conjectures entraînent (grâce à un théorème de Siegel) qu'il n'existerait qu'un nombre fini de relations ABC telles que :

$$| \text{ABC} | > \text{rad}(ABC)^{4,41901}$$

(une de ces relations a été trouvée par A. Nitaj) et qu'il n'existerait qu'un nombre fini de relations *ABC* telles que :

$$\sup(|A|, |B|, |C|) > \text{rad}(ABC)^{1,62991}$$

(une de ces relations a été trouvée par E. Reyssat à l'université de Caen).

Ces conjectures entraînent le dernier théorème de Fermat sous forme asymptotique : il existe un nombre N tel que la courbe (F_p) n'admette que des points triviaux pour $p \geq N$.

En fait la conjecture de Szpiro, comme la démonstration de Wiles, provient de la théorie des courbes elliptiques car (depuis 1972) on sait qu'il est intéressant d'associer à une relation *ABC* la courbe elliptique

$$E_{A, B, C} \qquad y^2 = x(x - A)(x + B)$$

(Comme plus haut on a, en général, deux courbes à translation près).

La conjecture de Szpiro n'est en fait que la traduction en termes de relation ABC d'une conjecture sur les courbes elliptiques appliquées à la courbe $E_{A, B, C}$.

Conclusion

Une question souvent posée est de savoir si la démonstration de Wiles aurait pu être trouvée par Fermat. La réponse à cette question est négative car la démonstration de Wiles est très technique et les techniques utilisées sont caractéristiques des mathématiques du XXe siècle.

Que dire de la stratégie utilisée sinon que l'on est loin des conseils que le prudent Descartes dispensait dans ses *Règles pour la direction de l'esprit* :

« Si dans la série des choses à rechercher, il s'en présente quelqu'une dont notre entendement ne puisse avoir suffisamment bien l'intuition, il faut s'arrêter là, il ne faut pas examiner ce qui suit, mais s'abstenir d'un travail superflu (règle VIII). »

La stratégie globale n'a rien de cartésienne puisqu'on y remplace un problème particulier par un problème infiniment plus général et que l'on attaque celui-ci à coup de conjectures divinatoires. Décidément J. M. Keynes avait bien tort : Newton n'était pas le dernier des magiciens !

RÉFÉRENCES

– KUHN (T.-S.), *La Structure des révolutions scientifiques*, Flammarion, 1983.
– GOLDSTEIN (C.), « Le métier des nombres », in *Éléments d'histoire des sciences*, Bordas 1989.
– GOLDSTEIN (C.), *Le Théorème de Fermat enfin démontré*, La Recherche, Hors série, L'Univers des Nombres, 2-8-1999, p. 21-29.
– HELLEGOUARCH (Y.), *Invitation aux mathématiques de Fermat-Wiles*, Masson, 1997.
– SERRE (J.-P), *Cours d'Arithmétique*, PUF, 1977.
– OESTERLÉ (J.), *Nouvelles approches du théorème de Fermat*, Séminaire Bourbaki 1987-88, n° 694.

– GELBART (S.), « An elementary Introduction to the Langlands Programme », *Bull. Of the Amer. Math. Soc.*, n° 10, 1984, p. 177-219.
– CORNELL (G.), SLIVERMAN (J.H.), STEVENS (G.), *Modular Forms and Fermat's Last Theorem*, Springer, 1997.
– WILES (A.), « Modular Elliptic-Curves and Fermat's Last Theorem », *Annals of Mathematics*, n° 142, 1995, p. 443-551.
– TAYLOR (R.) and Wiles (A.), « Ring theoretic properties of certain Hecke algebras », *Annals of Mathematics*, n° 142, 1995, p. 553-572.

Les fondements des mathématiques

par Jean-Yves Girard

Le formalisme mathématique

Le XIXᵉ siècle est le siècle de la réflexion sur l'analyse — la théorie des fonctions, des dérivées, des intégrales. Un travail impressionnant amène à découvrir, à côté des fonctions classiques comme sin x des « passagers clandestins » : par exemple une courbe sans tangente. Il devient alors nécessaire de se pencher sur la nature des objets mathématiques. C'est à cette question que prétend répondre la *théorie des ensembles* de Cantor, élaborée dans les années 1880, mais qui ne prendra sa forme définitive qu'au début du XXᵉ siècle. La théorie des ensembles permet de reconstruire les nombres réels — utilisés en analyse — à partir des entiers naturels 0, 1, 2, ..., qui eux, sont définis à partir de rien, du moins le pense-t-on : ainsi 0 est l'ensemble vide...

La théorie des ensembles est souvent présentée comme le langage des mathématiques. Rien n'est plus faux : s'il fallait manier les nombres réels en suivant leur définition ensembliste, on ne pourrait plus résoudre... une simple équation du second degré. Ce qui est vrai par contre, c'est que la théorie des ensembles énonce pour la première fois

Texte de la 169ᵉ conférence de l'Université de tous les savoirs donnée le 17 juin 2000.

l'unité de principe des mathématiques. Le fait de pouvoir
— en principe seulement, mais c'est énorme — ramener
toutes les mathématiques à des constructions ensemblis-
tes, nous permet d'utiliser indifféremment des méthodes
d'analyse ou d'algèbre — le calcul avec des lettres, des variables, des équations — pour résoudre un problème : elles ne
se contrediront pas. Ce qui contraste avec la Physique,
constituée d'îlots reliés par des passerelles incertaines*.

Dans cette entreprise d'unification, un rôle central est
dévolu à l'arithmétique — la mathématique des entiers
naturels. C'est autour de 1900 qu'apparaît l'*Arithmétique* de
Peano, un des formalismes les plus puissants qui soient.

L'Arithmétique de Peano AP

Nous allons survoler rapidement le *formalisme* de
Peano, ses *termes*, propositions, *axiomes* et *règles*.

Termes : 0 ; $x, y, z...$; St ; $t + t'$; $t \times t'$

Ce qui se lit : un *terme* c'est soit l'expression *zéro* 0,
soit une variable x, y, z... soit le *successeur St* d'un terme,
soit la *somme* de deux termes $t + t'$, soit le *produit* de deux
termes $t \times t'$. Les termes sont la *bureaucratie* des objets, ici
les entiers. Ainsi l'entier 6 sera-t-il représenté par
$SSSSSS0$... Remarquez la touchante régression à la numération prébabylonnienne, 6 c'est 6 bâtons S... c'est ça la
modernité !

Propositions : $t = t'$; $\neg P$; $P \vee P'$; $P \wedge P'$; $P \Rightarrow P'$; $\forall x P$;
$\exists x P$

Ce qui se lit : une *proposition est* soit une *égalité* $t = t'$
entre deux termes, soit la *négation* $\neg P$ d'une proposition,
soit la *disjonction* $P \vee P'$, soit la *conjonction* $P \wedge P'$, soit
l'*implication* $P \Rightarrow P'$ de deux propositions, soit une *quantification* « pour tout » $\forall x P$ ou « il existe » $\exists x P$. Les proposi-

---

* Bourbaki a introduit le néologisme *la* Mathématique, dans le même
esprit il faudrait dire *les* Physiques.

tions sont la bureaucratie des propriétés. Exemple : le cas d'exposant 3 du théorème de Fermat (on a écrit $t \neq u$; au lieu de $\neg (t = u)$).

$$\forall x \forall y \forall z (x \neq 0 \wedge y \neq 0 \wedge z \neq 0) \Rightarrow (x \times (x \times x)) + (y \times (y \times y)) \neq z \times (z \times z))$$

Le fait d'écrire une proposition ne préjuge en rien de sa vérité : pour la bureaucratie formelle, toutes les propositions sont égales en droit, du moins pour le moment.

Axiomes : $P \Rightarrow P$, $x = x$…

Ces axiomes logiques sont souvent laissés à l'arbitraire des auteurs. Ils n'énoncent rien de très surprenant ; ce qui est par contre surprenant c'est qu'on puisse en faire quelque chose !

$x + 0 = x$; $x + Sy = S(x + y)$; $x \times 0 = 0$; $x \times Sy = (x \times y) + x$; $Sx \neq 0$; $Sx = Sy \Rightarrow x = y$.

Ce deuxième groupe d'axiomes définit en quelque sorte somme et produit en termes de 0 et S : par exemple un terme clos (sans variable) sera « démontré » égal à une expression $\overset{k}{\overbrace{S \dots S}}\ 0$ au moyen de ces axiomes. Les deux derniers axiomes sont spéciaux, ils forcent tous les entiers $\overset{k}{\overbrace{S \dots S}}\ 0$ à être distincts.

Règles de démonstration :

$$\frac{P \quad P \Rightarrow Q}{Q} \qquad \frac{P[0] \quad P[x] \Rightarrow P[Sx]}{P[y]}$$

Le Modus Ponens est la base de tout raisonnement mathématique : je démontre un lemme P, puis je démontre $P \Rightarrow Q$ — c'est-à-dire Q sous l'hypothèse P ; en recollant les morceaux, j'obtiens Q. L'induction est spécifique aux entiers : une propriété vérifiée en 0 et « qui passe au successeur » est vraie pour tout entier. Le raisonnement par récurrence est nécessaire, ne serait-ce que pour démontrer l'équation $0 + x = x$. Une démonstration, c'est — en commençant par des axiomes — un enchaînement de règles, de façon à obtenir des théorèmes ; remarquez la précision implacable de la machine.

Mathématiques vs. Informatique

En dépit de certaines prises de position excessives, il est impossible de penser les mathématiques comme une activité purement formelle, bureaucratique : aucune équipe de bureaucrates n'aurait été capable de démontrer le théorème de Fermat en — disons — explorant les possibilités du formalisme Peanien, car il en a fallu des *idées* pour le démontrer, ce théorème ! D'ailleurs la démonstration automatique — par ordinateur — ne fonctionne pas, et ne fonctionnera jamais, à cause de ces fichues idées*.

Par contre, les mathématiques sont bien « formalisables », ce qui veut dire *susceptibles* d'être écrites dans un langage formel — mais seulement en principe, pensait-on. Ce qui n'était qu'un vœu pieux au début du XXe siècle est devenu réalité : les ordinateurs sont maintenant capables de *vérifier* les démonstrations mathématiques. Ça demande beaucoup de travail intelligent de la part du concepteur de logiciel, qui doit interpréter de nombreux raccourcis fulgurants du genre « on voit bien que... », car justement l'ordinateur n'est qu'un *cybercrétin* qui ne voit rien, ne sent rien, et passe son temps à vérifier les parenthèses fermantes comme d'autres à arracher leurs ailes aux mouches.

L'activité de l'ordinateur est vraiment « formelle », rappelez-vous ces doux messages, « syntax error », ou « UNE ERREUR FATALE EST APPARUE À 0028:C000BCED DANS LE VXD VMM(01) +0000ACED » : la précision absolue, sans qu'il y ait de pensée derrière, tels sont les langages informatiques. Le formalisme mathématique est une sorte de langage informatique : on « exécuterait » le langage mathématique

---

* Le premier théorème d'incomplétude est une réfutation de la démonstration automatique.

en combinant des axiomes et des règles, avec la seule nuance — négligeable pour cet exposé — que le langage informatique est déterministe, — il s'exécute dans un ordre précis — alors que ce n'est pas le cas des mathématiques. Cette analogie est très précieuse, tant qu'on n'oublie pas que le formalisme n'est qu'un aspect des mathématiques.

Venons-y justement, au formalisme, et commençons par les machines, c'est plus facile. Très souvent l'ordinateur se met à mouliner, sans donner la moindre réponse : il calcule, calcule, et n'en sort plus. La question qui se pose (et qui est le problème de base des langages formels) : faut-il attendre, ou faire Ctrl-C, arrêter le programme ? C'est un dilemme vieux comme la ville de Rome : vous attendez le 64 Piazza Venezia, le 64 qui n'arrive pas ; que faire, attendre ou rentrer à pied ? Dans le premier cas on garde intacte la foi, dans le second on a la satisfaction de rentrer chez soi après une petite marche... Question, peut-on détecter la « mise en boucle » de l'ordinateur et donc l'opportunité de faire Ctrl-C ?

La réponse est pleine de bon sens : de même qu'il n'y a aucun service capable de vous dire si le bus finira par arriver, il n'y a aucun moyen de tester la mise en boucle. Une boucle, c'est l'absence d'information à l'état pur, on ne sait rien, mais on pourrait savoir, peut-être dans 10 minutes, 10 jours, etc. La réponse au « problème d'arrêt des programmes » est négative. Elle montre la différence de nature entre « ne pas savoir » et « savoir que non ». Cette nuance essentielle sous-tend la partie classique des fondements mathématiques. On la retrouvera sous diverses formes, en particulier la distinction récessif/expansif et le théorème de Gödel.

La diagonale de Cantor

Dans notre parcours anachronique, retournons en 1880. C'est à ce moment que Cantor, l'inventeur de la théorie des ensembles, met au point une machine infernale, que l'on va retrouver dans toutes les questions de fondements... C'est le paradoxe à l'état natif ; à ce propos, rappelons que $\delta\acute{o}\xi\alpha$ peut se lire « dogme, opinion, intuition... » : il y a donc différentes sortes de paradoxe. Celui de Cantor choque certaines intuitions, comme en son temps l'irrationalité de $\sqrt{2}$.

La question est celle du dénombrement : on sait énumérer les entiers pairs 0, 2, 4, 6,..., une liste infinie d'ailleurs. On saurait faire la liste de tous les programmes dans un langage de programmation donné, par exemple en les rangeant par taille croissante, et à taille égale par ordre alphabétique, mais saurait-on faire une liste de toutes les listes infinies ? La réponse de Cantor, négative, est le célèbre argument diagonal : soient L_1, L_2, L_3,... toutes les listes infinies — disons — de zéros et de uns. Désignons par $L_m[n]$ le $n^{\text{ième}}$ élément de la liste L_m ; on peut alors former une liste $M = 1 - L_1[1]$, $1 - L_2[2]$, $1 - L_3[3]$,..., c'est-à-dire $M[n] = 1 - L_n[n]$. Mais M fait elle-même partie de la liste, soit $M = L_N$, et on conclut que $L_N[N] = M[N] = 1 - L_N[N]$, rideau !

L'expansivité

La question générale qui se pose pour les langages formels est la suivante : peut-on traiter les informations négatives ? Par information négative, j'entends une information absente, par exemple quelque chose qui n'a pas été énoncé. Dans les années 1960, des informaticiens peu inspirés ont cru répondre positivement, en prenant l'exemple de ces cases que l'on ne remplit pas, et qui sont interprétées par des options par défaut : la machine verrait qu'on ne répond pas...

C'était aller bien vite en besogne, en négligeant ce petit détail : on ne remplit pas la case, « mais on appuie sur la touche **Retour** », ce qui a pour conséquence de dire à la machine : « je n'ai pas répondu ». Une fois reçu ce message, elle peut continuer, sinon elle attendrait comme un bon toutou. Nous revoilà en train d'attendre un bus, et de retour... au problème d'arrêt. Et c'est justement le paradoxe de Cantor qui permet de démontrer l'impossibilité du « test de mise en boucle », c'est-à-dire l'impossibilité de traiter des informations négatives.

Ce type de comportement des langages informatiques, on va l'appeler *expansivité* : ils sont expansifs, car ils n'acceptent que de l'information positive, et plus on leur en donne, plus ils sont contents, c'est-à-dire plus ils nous donnent de réponses : pensez à une recherche de fichiers sur un ordinateur.

Le langage mathématique est expansif pour les mêmes raisons : il accumule les théorèmes, et plus il en a, plus il en produit. Ce n'est pas le cas général, pensez à la médecine : une vérité médicale c'est une vérité qu'on n'a pas encore infirmée, voyez le sang contaminé, ou le débat sur les OGM : en médecine la vérité est plutôt récessive, elle s'amenuise avec l'information.

Les paradoxes

Comme nous l'avons dit, il y a plusieurs sortes de paradoxes. Les plus profonds sont les paradoxes de l'intuition, qui souvent résistent à toute tentative de réduction. La courbe sans tangente, ou encore la courbe de Peano qui passe par tous les points d'un carré et qui nous fait douter de la différence entre une ligne et un plan, ce sont de vrais paradoxes de l'intuition.

Mais il y a aussi les paradoxes formels, moins profonds peut-être, mais plus spectaculaires. Ainsi le paradoxe de Russell* (1905) produit une contradiction dans la théorie des ensembles naïve**. On rappelle que cette contradiction est obtenue en considérant l'ensemble $X = \{x \; ; \; x \notin x\}$, pour lequel on peut démontrer à la fois que $X \in X$ et que $X \notin X$. Le principe de logique $P \wedge \neg P \Rightarrow Q$ nous dit d'autre

---

* Bertrand Russell qui s'est illustré dans bien d'autres domaines.
** Théorie corrigée depuis en la théorie **ZF** de Zermelo-Fraenkel.

part que d'une contradiction on peut déduire n'importe quoi ce qui brise le ressort du formalisme.

Dès 1900, le grand mathématicien Hilbert propose de démontrer la *cohérence* (c'est-à-dire la non-contradiction) de l'arithmétique **AP**. Vers 1920, il récidive avec un programme « finitiste » très élaboré, dont nous allons reparler. Il s'agit bien d'une réduction des paradoxes aux seuls paradoxes formels, en négligeant ceux de l'intuition ; il est vrai que les paradoxes formels sont plus graves sur le moment, mais ceux de l'intuition perdurent. C'est un peu comme si l'on menait une guerre en ne nourrissant que le front, sans se soucier de l'arrière...

La récessivité

Drôle d'idée que de démontrer la cohérence des mathématiques par des méthodes mathématiques. C'est comme un Parlement qui voterait sa propre amnistie. Hilbert ne tombe pas tout à fait dans ce panneau : on n'a pas droit à toutes les méthodes disponibles dans **AP**, seulement à un petit noyau incontestable de méthodes « finitistes ». Ce n'est pas vraiment le Parlement qui décrète l'amnistie, c'est une commission parlementaire faite de « sages ».

Ce club de sages, c'est essentiellement les propriétés *récessives*. Il s'agit d'identités universelles, du genre $\forall n$ $(n + 1)^2 = n^2 + 2n + 1$, ou encore $\forall a,b,c, abc \neq 0 \Rightarrow a^3 + b^3 \neq c^3$.

Par exemple, on pourrait essayer de montrer qu'un théorème a *toujours* (propriété récessive) un nombre pair de symboles ; si P est démontrable, il a donc un nombre pair de symbole et sa négation $\neg P$ qui en a un nombre impair n'est pas démontrable... Mais c'est vraiment trop naïf !

Le Popperisme

Le philosophe néo-positiviste Popper a repris à son compte et développé les thèses de Hilbert. Selon lui, un énoncé scientifique n'a de valeur que s'il existe un proto-

cole capable — en principe — de le « prendre en défaut ».
Ce qui se justifie à peu près avec les lois de la physique,
que l'on vérifie à un certain degré de précision, ce protocole
de vérification étant susceptible de prendre la loi en défaut.
Cette approche avantage des activités para-scientifiques
comme la médecine, le « jusqu'ici ça va » étant l'exemple
même de scientificité selon Popper. Il semble tout de
même qu'un bon conducteur c'est celui qui connaît son
code... et non pas celui qui n'a pas (encore eu) d'accident.

En mathématiques, vérifier à la précision $1/N$, c'est
vérifier jusqu'à l'entier N, par exemple vérifier $(n + 1)^2 =
n^2 + 2n + 1$ pour $n < 10^{10}$. On voit que le Poppérisme mathé-
matique accorde un sens aux seuls énoncés récessifs, tout
comme Hilbert. Au fait, la cohérence formelle est une propriété récessive, douée de scientificité selon Popper : on
peut la résumer par « jusqu'ici pas de contradiction ». Elle
a effectivement un protocole de mise en défaut, la découverte d'une contradiction, qui pourrait en l'occurrence être
écrite noir sur blanc, comme c'est d'ailleurs arrivé avec le
paradoxe de Russell. Que la cohérence soit récessive ne
devrait guère nous étonner : Hilbert n'allait pas refuser
toute signification à sa propriété favorite, la cohérence.

La relation entre récessif et expansif est simple : une
propriété est expansive quand sa négation est récessive.
Exemple « être démontrable »* est expansive, alors que « ne
pas être démontrable** » est récessive.

Le théorème de Gödel

Le formalisme est lui-même un objet mathématique,
remarque Hilbert dès 1904. Cela vient de la rigueur implacable des langages formels ; de plus cette remarque est une
pièce essentielle du programme de Hilbert, qui veut utiliser
des moyens mathématiques pour arriver à ses fins.

---

* Et rappelons-le « le bus arrive ».
** Ainsi que « le bus ne viendra pas ».

Bizarrement il faut attendre 1931 et le logicien Gödel pour que cette remarque soit vraiment prise au sérieux :

Les *objets* du formalisme de AP, termes, propositions, sont représentés par des « nombres de Gödel » : $\lceil t \rceil$, $\lceil P \rceil$. « Banale » énumération des propositions, dans laquelle certains ont voulu voir des significations cachées, quasi numérologiques. Enfin, pas si banale que ça si on pense aux difficultés techniques auxquelles s'est heurté Gödel à l'époque.

Les *propriétés* du formalisme sont représentées par des propositions de l'arithmétique de Peano AP, ainsi « P est démontrable » devient $\neg Thm_{AP}[\lceil P \rceil]$, tandis que « AP est cohérente » devient Coh_{AP}. Ces propositions n'ont pas de sens arithmétique immédiat.

Un recyclage somme toute assez facile de la diagonale de Cantor permet alors de produire une proposition G qui est littéralement $\neg Thm_{AP}[\lceil G \rceil]$, c'est-à-dire sa non-prouvabilité. S'achemine-t-on vers une nouvelle version du paradoxe du menteur « Je mens » et donc vers une contradiction de AP ?

Non : rien ne nous dit que vérité et prouvabilité coïncident, et alors « Je ne suis pas prouvable » ne veut plus dire « Je ne suis pas vrai ». En regardant de près, il y a une seule possibilité de s'en sortir, c'est-à-dire de préserver la cohérence de AP : c'est que G soit vraie, auquel cas elle n'est pas prouvable. C'est ce qu'on appelle le premier théorème d'incomplétude.

Un travail pervers de... formalisation du premier théorème mène au second théorème : on peut prendre pour proposition vraie, mais non prouvable, la proposition Coh_{AP} qui exprime la cohérence de AP : « Si AP est cohérente, elle ne prouve pas sa propre cohérence ».

Il importe de remarquer que G, tout comme Coh_{AP} sont récessives, mais non prouvables. Par contre la prouvabilité de G, comme celle de Coh_{AP} est expansive. G, Coh_{AP} ne sont donc pas équivalentes à leur prouvabilité : c'est la distinction entre récessif et expansif, c'est la différence entre ne pas savoir et savoir que non, entre ne pas pouvoir démontrer et démontrer que non. On en est toujours au problème d'arrêt, en résumé :

$$\text{RÉCESSIF} \neq \text{EXPANSIF}$$
$$\text{VRAI} \neq \text{PROUVABLE}$$
$$P \text{ NON DÉMONTRABLE} \neq \neg P \text{ DÉMONTRABLE.}$$

Négations et négationnistes

Un tel résultat ne vous vaut pas beaucoup d'amis. Les réactions au théorème de Gödel furent vives, et presque toutes de nature négative, voire négationniste. Commençons par ceux qui produisent régulièrement des réfutations du théorème de Gödel. C'est compatible avec une certaine vision du Popperisme, pour laquelle tout est faux, il suffit d'attendre, tous des pourris d'ailleurs... Une réfutation du théorème de Gödel — par ailleurs démontré — induisant une contradiction dans **AP**, on voit que ces personnes — au demeurant particulièrement stimulées par le millésime 2000 — ne cherchent rien d'autre qu'à démolir cet échafaudage prétentieux, les mathématiques. La réfutation du théorème de Gödel, c'est leur « gaz sarin » à eux. Mais vous pouvez dormir sur vos deux oreilles, car n'est pas le Capitaine Némo qui veut...

D'ailleurs qui réfute le théorème le renforce : en effet **AP** devient contradictoire, mais le théorème c'est « si **AP** est cohérente... », et comme du faux on déduit n'importe quoi... Ce théorème est insubmersible ! En particulier, il n'y a aucun protocole susceptible de le mettre en défaut ; il n'aurait donc aucune scientificité si on suit Popper... à moins que ce ne soit le Popperisme qui manque d'envergure !

Après les clowns, les nostalgiques de la « solution finale » — pour reprendre cette expression typique du scientisme allemand — du problème de la cohérence. Là c'est plus tordu, on salue en Gödel le plus grand logicien de tous les temps, on monte en épingle les bizarreries des nombres de Gödel, on en fait une espèce de super-puzzle.

Cet ensevelissement sous les fleurs est caractéristique de ce monument de vulgarité « Gödel-Escher-Bach ». Le message implicite est clair, le théorème de Gödel est un résultat artificiel, contre nature, qui ne peut altérer la marche triomphante de la science positive.

Pourtant il est bien simple ce théorème. Il dit que le Parlement ne peut pas se faire amnistier par une sous-commission, même pas par lui-même : il faut au moins qu'il s'adjoigne des membres extérieurs, n'est-ce pas le bon sens ? Ou encore, qu'on ne peut pas revisser ses lunettes en les gardant sur le nez.

Évidemment ce n'est pas tous les jours que le bon sens peut s'exprimer de façon aussi radicale. Mais il faut bien dire que Hilbert avait tendu une sacrée perche en cherchant une solution formelle au problème de la cohérence. En fait le formalisme se réfute lui-même par saturation de simplifications scientistes : démontrer la cohérence dans les mathématiques. Vous l'avez voulu, Georges Dandin !

Le post-Gödelisme

Ce qui est le plus critiquable dans l'idéologie formaliste, c'est ce rôle central tenu par la cohérence. Comme le faisait remarquer le logicien Kreisel, qui a beaucoup œuvré contre les abus du formalisme : « Les doutes quant à la cohérence sont plus douteux que la cohérence elle-même ». D'autre part il y a tant et tant de théories cohérentes sans le moindre intérêt qu'on ne voit pas la raison de s'obnubiler sur cet aspect relativement marginal des formalismes. D'ailleurs que dirait-on d'un contrôle technique des véhicules qui ne s'intéresserait qu'à une seule question, la bonne marche du moteur, et qui laisserait passer des voitures sans direction, sans freins ?

La cohérence, malgré tous les efforts de réflexion, reste un sujet hautement idéologique : « Je sais qu'une démonstration de cohérence de **ZF** n'a pas de valeur, mais ça me rassurerait d'en voir une ».* Rassurer contre quel danger et par quelles méthodes ? Au même titre que ce produit indémodable, l'assurance contre l'« explosion de la Terre ». Alors il n'est pas étonnant qu'on cherche toujours à prolonger le programme de Hilbert, quitte à le replâtrer un peu.

Ce qui est le plus étonnant, ce n'est pas tant ce besoin de croire des épigones de Hilbert, mais la réussite paradoxale de certains travaux, comme ceux de Gentzen dans les années 1930. Conçus en vue d'un replâtrage du programme de Hilbert, ils n'ont rien replâtré du tout. Par contre, ils ont amené — mais beaucoup plus tard, disons après 1970 — un renouveau de la problématique des fondements.

Comment relisons-nous Gentzen de nos jours ? Son travail, qui porte sur l'étude de l'interaction entre une preuve de P et une preuve de $\neg P$ (en cas de contradiction), se traduit informatiquement en l'interaction entre un programme (correspondant à la preuve de P) et son environnement (correspondant à la preuve de $\neg P$), typiquement entre un argument et une fonction. C'est ce qu'on a appelé le paradigme de Curry-Howard (~1970).

Ces idées devaient être raffinées au moyen de la logique linéaire (~1985), qui introduit une symétrie entre le programme et son environnement. La nouveauté par rapport à la logique ancienne (dite maintenant *classique*) est qu'il s'agit d'un point de vue procédural (la logique linéaire ne réfère à ses propres procédures) et non plus réaliste (la logique classique réfère à une « réalité » externe).

La ludique ou l'extinction du Popperisme

La logique linéaire explique les mathématiques de façon ludique, comme une espèce de jeu.

Deux machines $\mathfrak{M}$, $\mathfrak{N}$ discutent en vase clos. Chacune peut choisir un *dessein*, c'est-à-dire un programme qui « teste l'autre ». Alors :

---

* Propos tenus par le logicien formaliste K. Schütte à l'auteur, 1972.

Consensus : Soit, au bout d'un moment l'une des deux finit par jeter l'éponge.

Dissensus : Soit, elles se chamaillent à l'infini.

Nous dirons que $\mathfrak{M}$ et $\mathfrak{N}$ ont des comportements *duaux* quand $\mathfrak{M}$ ne se permet que les desseins *consensuels* avec les desseins de $\mathfrak{N}$, et *vice-versa*.

$\mathfrak{M}$ correspond à l'interprétation procédurale suivante : pour tout test dans $\mathfrak{N}$, c'est moi qui ai (avec le dessin que j'ai choisi) le dernier mot dans l'interaction. Ça ressemble à du Popperisme, passer une infinité de tests, mais ce n'en est pas. En effet, quels sont donc ces tests de $\mathfrak{N}$? Ce sont ceux pour lesquels il n'y a pas dissensus (c'est-à-dire récusation) avec un dessin de $\mathfrak{M}$; $\mathfrak{M}$ a dans sa besace d'autres desseins qui ne sont pas là pour avoir le dernier mot, seulement pour récuser certains tests embarrassants. La nouveauté par rapport au Popperisme, c'est donc que la notion-même de test est testable, ce qui permet de sortir du carcan récessif/expansif. On peut en principe donner un sens interactif à toutes les mathématiques courantes.

Les desseins sont des sortes de démonstration dans laquelle on se permet une erreur de logique, très volontaire : le *daimon* ✠, celui qui jette l'éponge, celui qui n'attend pas le bus ; c'est une espèce d'axiome sauvage. Les mathématiques s'expliqueraient finalement hors de toute réalité externe, par une interaction entre objets (les desseins) de même nature, une dualité moniste.

Les ondelettes
et la révolution numérique

par Yves Meyer

La mode des ondelettes

Les ondelettes sont à la mode et c'est pourquoi on m'a demandé d'en parler à l'Université de tous les savoirs.

Les ondelettes sont à la mode, car elles sont utilisées dans les « nouvelles technologies » (multimédia, nouveau standard de compression des images numériques, etc.). Nous y reviendrons.

La mode des ondelettes est un phénomène international. En ouvrant le dernier numéro (mai 2000) des *Notices of the American Mathematical Society*, on y découvre, à la page 571, Ingrid Daubechies, recevant un prix pour ses travaux sur les ondelettes et, à la page 570, Ronald Coifman décoré par le Président Clinton pour ses contributions à l'analyse par ondelettes.

Les ondelettes sont à la mode, comme l'ont été le chaos, les fractales, la théorie des catastrophes. Dans tous ces exemples, les recherches sont motivées par certains phénomènes complexes, que l'on observe réellement dans la nature, et qu'il s'agit d'étudier et d'analyser.

Ici nous opposons volontairement « nature » à « laboratoire ». Prigogine écrit dans *Les Lois du chaos* : « Ce qui

---

Texte de la 170e conférence de l'Université de tous les savoirs donnée le 18 juin 2000.

nous intéresse aujourd'hui, ce n'est pas nécessairement ce que nous pouvons prévoir avec certitude. La physique classique s'intéressait avant tout aux horloges, la physique d'aujourd'hui plutôt aux nuages. »

La physique dont parle Ilya Prigogine a pour finalité d'élucider les phénomènes naturels. Benoît Mandelbrot dit à peu près la même chose : « Le monde qui nous entoure est très complexe. Les instruments dont nous disposons pour le décrire sont limités. » Les formes des nuages conduiront Mandelbrot aux fractales.

Le mathématicien René Thom se propose d'explorer la morphogenèse, l'apparition de formes ou celle d'événements imprévus à l'aide de la « théorie des catastrophes ». Certains chercheurs pensent que cette théorie est aussi utile à la linguistique qu'à l'étude de l'apparition des révoltes dans les prisons.

David Ruelle a, en un sens, été l'auteur de la « théorie du chaos déterministe » qu'il applique, avec succès, à l'étude de la turbulence, autre phénomène naturel très mal compris. La turbulence concerne l'apparition des tourbillons dans l'écoulement d'un fluide ou celle des tornades dans l'écoulement atmosphérique.

Ces mêmes remarques conviennent aux ondelettes. La « théorie des ondelettes » est elle aussi motivée par l'étude des phénomènes naturels. Les motivations concernent le signal de parole, la musique, l'image, les processus de la vision humaine, etc.

Le succès de ces théories auprès du grand public vient de ce qu'elles étudient la complexité du monde familier qui nous entoure : elles nous parlent du temps, de l'espace, de la causalité, de l'avenir effrayant et imprévisible, des formes des nuages, de la structure des langues et de tant d'autres choses qui nous touchent.

Le chercheur n'est plus retranché dans sa tour d'ivoire où, solitaire, il se penchait sur des artefacts qu'il avait lui-même créés. Certains scientifiques, comme Pierre-Gilles de Gennes, se félicitent de cette évolution de la science vers des choses immédiates, simples en apparence, mais fort complexes au demeurant.

Cependant ces quatre théories (ondelettes, chaos, etc.) n'ont pas une bonne réputation auprès de certains scientifiques, car elles parlent davantage la langue de la poésie que celle de la science. Nous retrouverons cependant cette langue de la poésie ou même de la prophétie dans le programme scientifique de Joseph Fourier, décrit plus loin. On objecte aussi que ces théories ouvrent des perspectives trop étendues et que, le plus souvent, les schémas intellectuels qu'elles suggèrent ne dépendent pas du contexte scientifique et sont les mêmes pour toutes les disciplines, ce qui paraît suspect. En outre, beaucoup de travaux utilisant ces nouveaux schémas sont de qualité très moyenne.

David Ruelle écrit dans *Hasard et Chaos* : « Revenons au succès qu'a eu la théorie du chaos. Ce succès a été bénéfique pour les mathématiques où la théorie des systèmes dynamiques a profité des idées nouvelles sans dégradation de l'atmosphère de la recherche (la difficulté technique des mathématiques rend la tricherie difficile). En physique du chaos, malheureusement, le succès a été de pair avec un déclin de la production de résultats intéressants, et cela malgré les annonces triomphalistes de résultats fracassants. »

Ces remarques s'appliquent aux ondelettes. Alors le chercheur se méfie. Il se méfie des constructions intellectuelles dont le propos est de tout expliquer. Il se méfie des ondelettes. Tout cela devient fort inquiétant, il faut en savoir plus et nous sommes amenés à nous poser les quatre questions suivantes sur le statut des ondelettes :

— Les ondelettes sont-elles une invention pratique, comme celle de la roue ? (Il n'y a évidemment pas de science de la roue, mais, depuis qu'elle a été inventée, son usage n'a jamais cessé.)

— Les ondelettes sont-elles une théorie ? Si c'est le cas, à quel secteur scientifique cette théorie appartient-elle ? Comment la théorie des ondelettes peut-elle être vérifiée ou infirmée ?

— Une troisième possibilité existe. Le succès des ondelettes serait, comme celui des fractales et du chaos, dû à un malentendu. Par un effet pernicieux de la vulgarisation, un outil scientifique dont l'usage devrait être limité à un certain contexte est mis « à toutes les sauces ». Doit-on parler d'imposture ?

— En sens inverse, certains succès obtenus par les ondelettes illustreraient-ils ce que les Anglo-Saxons appellent la « fertilisation croisée » ?

Quelques mots d'explication : il arrive que certains secteurs de la science moderne soient fécondés par des greffes de méthodes ou de concepts provenant d'une discipline différente. Par exemple, la vitesse issue de la mécanique est devenue la « dérivée » des mathématiciens et sert aujourd'hui à étudier toute modification d'un phénomène dépendant d'un ou de plusieurs paramètres. Il n'y a ici aucune supercherie.

Ces problèmes étant posés, nous allons essayer de les résoudre en utilisant une approche historique. Les travaux contemporains sur les ondelettes sont, en fait, issus de trois programmes scientifiques. En analysant ces programmes, nous aurons la surprise d'y découvrir cette même ambition d'aborder tous les savoirs que certains critiquent dans la « théorie des ondelettes ». On y trouve les mêmes enjeux, les mêmes défis et les mêmes risques d'imposture que dans les quatre théories précédentes.

Nous remonterons d'abord à Joseph Fourier. Il a proposé un programme scientifique interdisciplinaire que nous analyserons de façon détaillée dans la section suivante.

Nous examinerons ensuite le programme de l'Institute for the Unity of Science. Aussi prophétique que celui de Fourier, et encore plus ambitieux, ce programme englobait ce qui s'appelle aujourd'hui les sciences cognitives et a conduit à la conception, puis la construction, des premiers ordinateurs. La réflexion théorique a précédé la technique !

Nous en viendrons enfin au remue-ménage déclenché par Jean Morlet. En 1981, alors qu'il était encore ingénieur de recherche chez Elf-Aquitaine, il a proposé les ondelettes « temps-échelle » comme un outil permettant de mieux analyser certains signaux sismiques.

L'étude des chemins qui ont conduit, à travers l'histoire, aux travaux contemporains nous permettra de répondre enfin aux quatre questions que nous avions posées. Ce sera notre conclusion.

Le programme de Fourier

Il importe de débuter par le programme de Fourier, car la découverte des ondelettes se situe dans la logique même de ce texte visionnaire.

En 1821, il y a presque deux siècles, Joseph Fourier écrivait dans son célèbre *Discours préliminaire* :

« L'étude approfondie de la nature est la source la plus féconde des découvertes mathématiques. Non seulement cette étude, en offrant aux recherches un but déterminé, a l'avantage d'exclure les questions vagues et les calculs sans issue : elle est encore un moyen de former l'analyse elle-même, et d'en découvrir les éléments qu'il nous importe le plus de connaître...

Considérée sous ce point de vue, l'Analyse mathématique est aussi étendue que la nature elle-même ; elle mesure le temps, les forces, les températures... Son attribut principal est la clarté ; elle n'a point de signes pour exprimer les notions confuses. Elle rapproche les phénomènes les plus divers et découvre les analogies les plus secrètes qui les unissent.

Si la matière nous échappe, comme celle de l'air et de la lumière par son extrême ténuité, si les corps sont placés loin de nous, dans l'immensité de l'espace, si l'homme veut connaître le spectacle des cieux pour des époques successives que séparent un grand nombre de siècles, si les actions de la gravité et de la chaleur s'exercent dans l'intérieur du globe solide à des profondeurs qui seront toujours inaccessibles, l'Analyse mathématique peut encore saisir les lois de ces phénomènes. Elle nous les rend présents et mesurables, et semble être une faculté de la raison humaine destinée à suppléer à la brièveté de la vie et à l'imperfection des sens ; et, ce qui est plus remarquable encore, elle suit la même marche dans l'étude de tous les phénomènes ; elle les interprète par le même langage, comme pour attester l'unité et la simplicité du plan de l'Univers, et rendre plus manifeste cet ordre immuable qui préside à toutes les causes naturelles. »

Il faut observer que Fourier donne aux mathématiques un rôle très original. Loin de placer les mathématiques au-dessus des autres sciences, il demande, au contraire, que la recherche en mathématique soit nourrie par des problèmes scientifiques. Cette position s'oppose à celle de Richard Dedekind, reprise par Jean Dieudonné, où les mathématiques sont isolées des autres sciences et étudiées pour « l'honneur de l'esprit humain ».

Un des usages les mieux connus de l'analyse de Fourier est l'analyse et la synthèse des sons, à l'aide des sons purs. Un son est caractérisé par sa hauteur, son intensité et son timbre. L'utilisation des séries de Fourier permet de décomposer les sons en sons purs et, ce faisant, d'en déterminer et calculer les caractéristiques. Le timbre d'un son est caractérisé par l'intensité relative de ses harmoniques. Le rôle de l'analyse de Fourier est de déterminer ces harmoniques et, pour cette raison, l'analyse de Fourier est souvent appelée analyse harmonique.

Ces sons purs sont définis à l'aide d'un seul paramètre, à savoir la fréquence. Ce sont des vibrations parfaites, éternelles, sans début ni fin, émises depuis l'origine des temps et qui dureront toujours. Si l'on admet les formules de Fourier, exactes pour le mathématicien, mais contestables pour l'acousticien, alors les commencements et les interruptions des sons que l'on entend seraient dus à des interférences destructives, créant le silence à partir d'une opposition exacte de phases.

On pourrait représenter l'analyse de Fourier comme un orchestre idéal dont chaque instrumentiste jouerait indéfiniment la même note ; le silence serait alors obtenu par des sons qui s'annulaient exactement les uns les autres et non par l'absence de son. Bien entendu, ce n'est pas ainsi qu'un orchestre joue ou cesse de jouer et la variable temporelle doit avoir un rôle beaucoup plus actif et dynamique.

Cette décomposition des sons en sons purs est donc imparfaite, car elle ne rend pas compte, dans le cas de la musique, des sons complexes produits par l'attaque de l'instrument, par la recherche de la note et, plus généralement, elle est inadaptée à l'étude des sons transitoires et des bruits divers. L'analyse de Fourier n'est réellement 'efficace que si elle est limitée à l'étude des phénomènes périodiques ou, plus généralement, stationnaires.

C'est pour prendre en compte d'autres phénomènes qui ne sont pas stationnaires et, plus particulièrement, des phénomènes transitoires que l'analyse de Fourier a été modifiée, améliorée, et c'est ainsi que les ondelettes « temps-fréquence » sont nées.

Elles s'opposent aux ondes parce qu'elles ont, comme les notes d'une partition de musique, un début et une fin. L'analyse par ondelettes a donc pour modèle la partition musicale où la durée des notes est indiquée en même temps que leur hauteur. Mais l'analyse par ondelettes a pour ambition d'être une description exacte et non symbolique de la réalité sonore. En ce sens elle est plus proche du disque compact audio que de la partition car la synthèse qui fait partie de l'analyse par ondelettes est automatique et n'a pas besoin d'être interprétée.

Les ondelettes qui conviennent au signal audio avaient été recherchées, dès 1945, par Léon Brillouin, Dennis Gabor et John von Neumann et nous reviendrons sur ces recherches dans la section suivante. Mais ces pionniers avaient fait des choix arbitraires, basés sur des *a priori* contestables. Les ondelettes de Gabor ou « gaborettes » sont des signaux ondulatoires (c'est-à-dire des cosinus ou sinus), amplifiés ou atténués par une enveloppe gaussienne. On les déplace par des translations qui sont adaptées aux fréquences utilisées. Si l'on utilise seulement des fréquences entières, en progression arithmétique, alors les translations doivent nécessairement être des multiples entiers de $2\pi r$. Ces choix arithmétiques sont ceux des séries de Fourier. Mais Roger Ballan et Francis Law démontrèrent que ce système ne permettait pas de représenter des fonctions arbitraires. Les ondelettes que l'on utilise aujourd'hui sont plus subtiles. Elles sont nées, en 1987, des travaux de Kenneth Wilson (prix Nobel de physique pour ses travaux sur la renormalisation et les phénomènes critiques). Elles ont été perfectionnées, en 1989, par Ingrid Daubechies, Stéphane Jaffard et Jean-Lin Journé, puis par Ronald Coifman et moi-même en 1990. Signalons aussi les travaux d'Henrique Malvar. Ces ondelettes sont utilisées dans le son numérique Dolby qui aujourd'hui accompagne la plupart des films. Nous reviendrons sur ces avancées technologiques.

L'analyse de Fourier n'est pas seulement utilisée pour analyser les sons, elle s'applique aussi au traitement des images, elle intervient de façon cruciale dans la cristallographie, dans la biochimie et dans des champs de la connaissance si divers et variés qu'il est impossible d'en dresser une liste exhaustive. Fourier en avait l'intuition et sa prophétie s'est réalisée.

Le programme de l'Institute for the Unity of Science

En 1944, avant même que les ordinateurs n'existent, des mathématiciens comme John Von Neumann, Claude Shannon, Norbert Wiener, des physiciens comme Léon Brillouin, Dennis Gabor, Eugène Wigner, et d'autres chercheurs ont proposé et déclenché un programme scientifique dont le but était d'étendre aux sciences cognitives (qui n'existaient pas encore sous ce nom) le formidable mouvement d'unification que les sciences physiques avaient opéré à la fin du XIXe siècle.

Il s'agit de l'unification des problématiques de la mécanique statistique, de la thermodynamique et du calcul des probabilités. De cette unification est née la notion d'entropie. Grâce au concept d'entropie, on put reformuler le second principe de la thermodynamique, à savoir la dégradation irréversible de l'énergie au cours des transformations d'un système supposé isolé. Il y a dégradation parce que l'entropie, mesurant le désordre, augmente inéluctablement.

Dès les années 1945, Claude Shannon eut l'idée d'appliquer ce concept d'entropie à la théorie des communications, en identifiant l'ordre mesuré par l'entropie (en fait, l'ordre est l'entropie affectée d'un signe moins) à la quantité d'information contenue dans un message.

Une seconde découverte majeure de Shannon dans le domaine des télécommunications concerne le débit d'un canal de transmission. Un tel canal, qui préfigure les autoroutes de l'information, est défini par ce que l'on appelle une fréquence de coupure. L'existence de la fréquence de coupure vient des limitations de la technologie. La fréquence de coupure du canal auditif humain est 20 000 hertz. Shannon calcule le volume maximum d'information que l'on peut transmettre par seconde, à l'aide d'un canal dont la fréquence de coupure est fixée, en présence d'un léger bruit.

Le problème de l'encombrement des autoroutes de l'information était ainsi posé. La question suivante est l'utilisation optimale du canal. Comment faire circuler harmonieusement, sans heurt, cette information ? Comme nous l'avons indiqué dans la section précédente, les pères fondateurs (Shannon, Gabor, von Neumann, Brillouin) abordèrent ce problème et les solutions qu'ils découvrirent sont appelées les « ondelettes de Shannon » et les « ondelettes de Gabor ». L'utilisation de ces ondelettes était limitée au traitement de la parole. C'est pourquoi ces ondelettes s'appelaient des « logons » ou éléments de discours. Ces premières solutions ont été améliorées, ce qui a conduit aux bases orthonormées d'ondelettes « temps-fréquence » déjà mentionnées.

Ces recherches étaient motivées par les problèmes posés par les communications téléphoniques. Le traitement de l'image n'était pas au programme de l'Institute for the Unity of Science.

À partir de là l'élan était donné et le programme de l'Institute for the Unity of Science consistait à relier les avancées les plus récentes effectuées dans le domaine des « sciences dures » aux progrès de l'étude de l'organisation structurale des langues naturelles et du vivant. Les sciences dures incluaient toute la physique, la mécanique statistique, l'électronique, la logique mathématique, les premiers balbutiements de la robotique et les premiers essais de compréhension de ce qui allait devenir l'étude de la complexité.

Norbert Wiener publiait, en 1950, un essai intitulé *Speech, language and learning* où il utilisait ses découvertes sur les rétro-actions ou *feedbacks*. Le 19 janvier 1951, Wiener et Rosenblith lançaient le programme *Cybernique et Communications* dans le cadre de l'Institute for the Unity of Science. Il s'agissait, en particulier, d'interpréter les modes de fonctionnement du langage et même du cerveau et de la pensée humaine à partir de modèles issus de la logique ou de l'intelligence artificielle. Il s'agissait de comprendre les mécanismes régulateurs de la biologie à l'aide des rétroactions découvertes et étudiées par Norbert Wiener.

L'Institut était une structure souple, un institut sans mur, permettant de financer et de fédérer les travaux des scientifiques qui travaillaient sur ces programmes. Les ordinateurs n'existaient pas encore et leur conception, puis leur réalisation seront directement issus des réflexions de John von Neumann et de Norbert Wiener. Par exemple, Wiener fit le 14 février 1945 une conférence sur « le cerveau et les machines à calculer ».

L'Institute for the Unity of Science est créé en 1946 et cette date n'est pas innocente. Tout d'abord Gabor, von Neumann et Wigner sont tous les trois nés à Budapest. Tous trois ont dû fuir la barbarie nazie.

En outre, le programme de travail de l'Institute for the Unity of Science doit beaucoup aux découvertes sur le management scientifique, issues de l'effort de guerre. Par exemple, Wiener fut conduit à l'étude des rétroactions et de la prédiction statistique dans le cadre de l'aide à la décision des servants des batteries antiaériennes. Il s'agissait de pointer la pièce d'artillerie sur la position anticipée du bombardier nazi. Ces travaux ont aidé à gagner la bataille de Londres.

Une autre conséquence de l'effort de guerre a été la recherche sur les problèmes posés par la communication et le bruit, à bord des bombardiers alliés. L'Institute for the Unity of Science allait naturellement continuer cet effort et son programme de recherche dans le domaine de la communication portera sur les thèmes suivants : message, signal, information, canal de transmission, circuit, réseau, reconnaissance, bruit. Cette liste est aussi celle des problèmes où les ondelettes ont joué un rôle essentiel.

La découverte, par Jean Morlet,
des ondelettes « temps-échelle »

Les ondelettes « temps-échelle » ont vu le jour grâce à un objet et un organisme qui ont joué un rôle fédérateur semblable à celui de l'Institute for the Unity of Science décrit ci-dessus. L'objet est une photocopieuse et l'organisme est un laboratoire propre du CNRS, le Centre de physique théorique de Marseille-Luminy, admirablement situé près des calanques. Cette photocopieuse, qui aurait dû recevoir une médaille du CNRS, était utilisée à la fois par les chercheurs du département de mathématiques et par ceux du département de physique théorique de l'École polytechnique. Jean Lascoux, un physicien d'une culture universelle, photocopiait tout ce qui lui paraissait digne d'être diffusé. Au lieu de manifester de l'impatience pour son usage un peu personnel et excessif de cet instrument de travail collectif, j'aimais attendre qu'il ait fini en discutant avec lui. En septembre 1984, il me demanda ce que j'avais fait pendant les vacances et, après ma réponse, il comprit aussitôt que le travail qu'il était en train de photocopier pouvait m'intéresser. Il s'agissait d'un document de quelques pages écrit par un physicien, spécialiste de la

mécanique quantique, Alex Grossmann, et par un ingénieur visionnaire, Jean Morlet, travaillant pour Elf-Aquitaine. Je pris le premier train pour Marseille afin de
rencontrer Grossmann, au Centre de physique théorique
de Luminy, et c'est ainsi que tout a commencé et que les
ondelettes furent créées.

Les programmes scientifiques des premiers congrès
sur les ondelettes qui se tenaient à Luminy, près des calanques, étaient aussi ambitieux que celui de l'Institute for the
Unity of Science. Nous disposions d'un nouvel instrument
d'analyse, capable de plonger au cœur même des signaux
transitoires et d'en explorer la complexité : on pense ici à
l'attaque d'une note, aux quelques millisecondes où le son
se cherche, c'est-à-dire à tout ce qui échappe à l'analyse de
Fourier (et aussi aux ondelettes « temps-fréquence »).
Cet instrument, nous l'utilisions pour analyser des électro-
encéphalogrammes, des électrocardiogrammes, des signaux
acoustiques, etc. et nous espérions y découvrir ce que personne n'avait su voir. Lors de ces premiers congrès, nous
discutions avec des médecins, des musiciens, des physiciens, des ingénieurs et arrivions à recréer l'atmosphère
des années 1945, sans même avoir conscience d'imiter
l'Institute for the Unity of Science (dont nous ignorions
l'existence).

Nous pensions faire des progrès scientifiques décisifs
en établissant une atmosphère propice à l'interaction plu-
ridisciplinaire et à la fertilisation croisée. Cette fertilisation
croisée n'était pas, à nos yeux, la recherche d'un niveau
pauvre, vague et imprécis de communication entre les
sciences. Bien au contraire, il s'agissait, pour nous, d'une
sorte de mouvement intellectuel où les différentes théma-
tiques scientifiques puissent s'enrichir mutuellement. En
relisant les actes de ces congrès, on mesure à quel point
nous étions naïfs. Nous étions naïfs, car nous pensions que
le nouveau jouet dont nous disposions pouvait résoudre de
nombreux problèmes. Aujourd'hui la liste des problèmes
résolus par cet outil est un peu plus courte.

Un des problèmes résolus concerne le traitement
de l'image. Ces nouvelles ondelettes sont à l'origine du

nouveau standard de compression des images fixes (JPEG-2000). Un paramètre d'échelle et un paramètre de fréquence interviennent dans la construction de ces nouvelles ondelettes. L'un est l'inverse de l'autre et cela explique les succès rencontrés en traitement de l'image où cette loi était essentielle.

Si nous avons comparé le climat fiévreux qui a entouré la naissance des ondelettes à celui qui accompagna la création de l'Institute for the Unity of Science, il convient cependant d'être modeste et de souligner que nos travaux étaient beaucoup moins révolutionnaires. En effet, la découverte des ondelettes « temps-fréquence » peut aujourd'hui apparaître comme une simple remarque corrigeant une erreur commise par Gabor et von Neumann. L'usage des ondelettes « temps-échelle » était une aventure plus singulière, car elle ne reposait pas sur une heuristique admise dans la communauté du traitement du signal. Le fait d'analyser un signal unidimensionnel en comparant différentes copies faites à des échelles différentes n'est certainement pas une démarche intuitive.

En revanche, en ce qui concerne l'image, cette même démarche est tout à fait légitime et on a l'habitude d'écrire que l'inverse d'une échelle est une fréquence. En outre, il faut savoir qu'indépendamment des travaux de Morlet et en travaillant dans un contexte tout à fait différent, David Marr a aussi découvert les ondelettes « temps-échelle ». Le traitement de l'image et ses liens avec la vision humaine et la vision artificielle ne faisaient pas partie du programme de l'Institute for the Unity of Science et David Marr a consacré les dix dernières années de sa vie à essayer de comprendre ces problèmes.

Professeur à Cambridge (Royaume-Uni), Marr fut ensuite nommé au MIT (Massachusetts) pour rejoindre une équipe travaillant sur le problème de la vision artificielle qui se révélait crucial pour la robotique. Il s'agit de l'élaboration de décisions à partir des données fournies par les caméras équipant le robot. Les ingénieurs croyaient naïvement que les problèmes seraient simplement résolus en multipliant le nombre des senseurs, mais Marr démontra que la vision est un processus intellectuel complexe, basé sur des algorithmes dont la mise en œuvre nécessite une science nouvelle.

Son livre, intitulé *Vision, A Computational Investigation into the Human Representation and Processing of Visual Information*, est en fait, un livre posthume, écrit pendant les derniers mois de sa lutte contre la leucémie. Marr nous confie son programme scientifique en s'adressant à nous comme à un ami. Chemin faisant, il anticipe les ondelettes de Morlet, il en fournit une représentation analytique précise et prévoit le rôle qu'elles vont jouer en traitement de l'image. Cette partie de l'œuvre de David Marr sera reprise et modifiée par Stéphane Mallat.

Les ondelettes inventées par David Marr et Jean Morlet étaient destinées à remplacer la FFT *(fast Fourier transform)* en traitement de l'image. Mais il fallait pour cela que l'analyse et la synthèse puissent s'effectuer à l'aide d'algorithmes rapides. Ingrid Daubechies et Stéphane Mallat allaient s'illustrer dans la découverte de ces algorithmes qui jouent un rôle essentiel dans les problèmes de la compression et du débruitage.

Aujourd'hui les applications des ondelettes « temps-échelle » couvrent des domaines très variés et, dans une interview au journal *Le Monde* du jeudi 25 mai 2000, S. Mallat cite, en vrac, le nouveau standard de compression des images fixes, l'imagerie satellitaire, Internet, etc.

Un des grands succès des ondelettes concerne le débruitage des sons et des images. Ce succès s'explique de la façon suivante.

Les ondelettes partagent avec le langage une souplesse d'utilisation et de création tout à fait remarquables et qui expliquent leurs succès. Cette souplesse signifie que l'on peut changer de façon presque arbitraire l'ordre des termes sans changer la signification de ce que l'on écrit. Dans le langage des mathématiciens, on dira que les ondelettes forment une base inconditionnelle. Cela se relie aux travaux de deux analystes dont je voudrais évoquer la mémoire. Il s'agit d'Alberto Calderón et d'Antoni Zygmund. L'œuvre de Calderón et Zygmund revit aujourd'hui grâce aux belles découvertes d'Albert Cohen sur les coefficients d'ondelettes des fonctions à variation bornée, découvertes qui fondent l'utilisation des ondelettes dans la compression et le débruitage des images fixes. Les applications des ondelettes aux statistiques ont été un des grands succès de cette théorie. Éliminer le bruit dans un signal était l'une des obsessions des pionniers de 1945. C'est maintenant une réalité scientifique grâce aux travaux de David Donoho et de ses collaborateurs.

La révolution numérique

Comme nous venons de l'indiquer, les ondelettes ont une relation privilégiée avec le traitement de l'image. Par exemple, le nouveau standard de compression des images fixes, le célèbre JPEG-2000, est basé sur l'analyse par ondelettes. Cela nous amène à parler des enjeux de la « révolution numérique ». La révolution numérique envahit notre vie quotidienne, elle modifie notre travail, notre relation aux autres, notre perception des sons et des images. En ouvrant un magazine, on a toutes les chances d'y trouver une apologie des caméras numériques ; ces publicités sont en général bien faites et nous fournissent une première définition de la finalité de la révolution numérique : la possibilité d'agir, d'intervenir sur les images et les sons (les enregistrements sonores, les photographies ou les films dans le cas de la caméra numérique), de les manipuler, de les améliorer, etc. Le son numérique Dolby qui accompagne la plupart des films contemporains est directement issu de la révolution numérique.

Voici quelques autres exemples. Tout d'abord le téléphone est aujourd'hui digital. Digital s'oppose à analogique. En simplifiant, une copie analogique peut être comparée au tirage d'une gravure, d'une eau-forte, à l'aide de la planche de cuivre qui a été burinée par le graveur. On pense aussi au disque microsillon. Dans le cas du téléphone, la copie de la voix s'effectuait à l'aide d'un courant électrique dont les vibrations reproduisaient exactement les vibrations acoustiques émises par le locuteur. La transmission, sur de longues distances, de ce signal électrique se payait par une certaine altération due aux lois de la physique.

Il en résultait des grésillements qui nous renseignaient sur la distance parcourue par le courant électrique, mais qui étaient très désagréables. En revanche, le son numérique ou digital est inaltérable, tout comme le disque compact est inusable.

Reste à savoir comment le son analogique devient digital. Le son digital est un exemple de la numérisation d'une information analogique. Numériser signifie que l'on est capable de coder les vibrations acoustiques (qui constituent un signal continu) à l'aide de longues suites de 0 et de 1. Ce codage s'effectue en deux temps. La première étape est l'échantillonnage qui est une sorte de lecture où l'on ne retiendrait qu'un point sur dix. En principe, sans hypothèse sur le signal continu, il est impossible de se contenter de cette « lecture rapide ». Comme nous l'avons signalé dans la section précédente, Claude Shannon a cependant résolu ce problème au niveau théorique. Mais cette première « lecture rapide » fournit encore un volume trop grand pour pouvoir circuler sans peine sur les « autoroutes de l'information ».

Il faut alors « comprimer » et ce nouveau défi pourrait être comparé au remplissage optimal d'une valise à la veille d'un voyage. Se pose alors le problème de construire les meilleurs codes de compression et de comprendre comment la nécessaire comparaison entre différents codes doit être effectuée. C'est dans ce choix d'un bon code que les ondelettes entrent en jeu.

Un second exemple de la révolution digitale est le disque compact audio, lancé en 1982. En quatre ans, il a détrôné les disques microsillons en vinyle. Ce disque compact audio a été suivi par le CD-Rom dont l'utilisation a bouleversé le multimédia. Le son et l'image peuvent désormais être enregistrés sur le même support. Aujourd'hui le DVD (Digital Versatile Disc) rencontre un succès foudroyant.

Malgré un ruineux combat d'arrière-garde des laboratoires de recherche de Thomson, l'image numérique envahit la télévision contemporaine.

D'autres applications actuelles ou prévisibles concernent l'imagerie médicale (l'archivage des mammographies utilisera des algorithmes de compression numérique, basés sur les ondelettes), l'imagerie satellitaire, les images fournies par le télescope Hubble, etc. Bien entendu, le multimédia, le web, sont des produits directs de la révolution numérique.

Pour le grand public, la révolution numérique semble faire partie des technologies de pointe, mais, en se penchant sur son histoire, on voit qu'elle était, en un sens, une composante du programme scientifique de l'Institute for the Unity of Science.

Conclusion

Nous pouvons maintenant répondre aux questions posées dans l'introduction.

Les ondelettes ne sont pas une invention pratique, comparable à la roue, mais elles font partie de ce que l'on appelle aujourd'hui le logiciel, le *software*. Elles jouent un rôle important dans la révolution numérique. Les ondelettes sont aujourd'hui devenues un outil. L'« outil ondelettes » sera peut-être remplacé par un outil plus maniable dans les années à venir. Cet outil ne sera jamais infirmé. De plus l'outil ondelettes est, en réalité, une boîte à outils, comportant des instruments très différents. En outre cette boîte à outils s'enrichit continuellement.

Les ondelettes ont été une théorie, mais ce n'est plus le cas aujourd'hui. Les recherches théoriques sur les ondelettes ont cessé. Pendant près de six ans (1984-1990), Ronald Coifman, Ingrid Daubechies, Stéphane Mallat et moi-même avons réussi à unifier plusieurs lignes de recherche venant de disciplines très différentes : il s'agissait de travaux conduits en traitement du signal, sous le nom de codage en sous-bandes, d'une méthodologie de la physique mathématique appelée « états cohérents », des anticipations de Gabor et de Shannon dans le cadre de l'Institute for the Unity of Science et, finalement, d'une technique de calcul d'usage universel, celle de bases orthonormées. Ces recherches ont conduit à l'écriture de divers logiciels utilisés dans la technologie du traitement du signal et de l'image.

Cette unification a été un grand succès, mais a aussi eu des effets négatifs. Elle a entraîné une croyance presque religieuse dans la pertinence des méthodes basées sur l'analyse en ondelettes. Il y a un usage intempestif des ondelettes, mais cela n'est pas propre aux ondelettes. Comme nous l'avons déjà observé, il y a un usage intempestif des résultats de toutes les grandes aventures intellectuelles.

Certains outils intellectuels peuvent convenir à toutes les sciences, sans pour autant perdre leur précision. Citons en vrac, vitesse, accélération, fréquence, etc. Le sens de ces mots ne dépend pas du contexte utilisé. Les ondelettes pourraient faire partie de cette liste. En effet, comme c'est le cas pour l'analyse de Fourier, l'analyse par ondelettes n'est jamais fausse, elle ne dépend pas du contexte, elle exprime une vérité universelle, mais elle peut manquer de pertinence. Cette vérité universelle est constituée par un ensemble de résultats mathématiques autonomes et rigoureux. Ces résultats s'appliquent donc, en principe, à tous les signaux, quelle que soit leur origine physique. Cela n'implique évidemment pas que cette application soit pertinente.

Notre étude historique nous a appris que l'analyse par ondelettes a des racines historiques profondes, qu'elle est le fruit d'une longue évolution. Ce lent processus évolutif continuera, alors même que les ondelettes auront cessé d'être à la mode, car les problèmes que nous essayons aujourd'hui de résoudre à l'aide des ondelettes existeront toujours.

RÉFÉRENCES

À mon avis, les quatre meilleurs ouvrages sur les ondelettes sont :
– Cohen (A.) et Ryan (R.), *Wavelets and multiscale signal processing*, Chapman & Hall ed., 1995.

– Daubechies (I.), *Ten lectures on wavelets*, SIAM, Philadelphia, 1992.
– Mallat (S.), *A wavelet tour of signal processing*, Acad. Press, 1998.
– Vetterli (M.) et Kovacevic (K.-J.), *Wavelets and subband coding*, Prentice Hall PTR, Englewood Cliffs, NJ 07632, 1995.

Le lecteur plus orienté vers les mathématiques pourra consulter en version anglaise (refondue et mise à jour) ou en version française :

– Meyer (Y.), *Wavelets and Operators*, Cambridge University Press, 1992.
– Meyer (Y.), *Ondelettes et Opérateurs*, Hermann, 1990.

et enfin nous recommandons la lecture du merveilleux (mais contesté) ouvrage :

– Marr (D.), *Vision, A Computational Investigation into the Human Representation of Visual Information*, W. H. Freeman, 1982.

La théorie des nœuds

par Eva Bayer

Un nœud est l'un des objets mathématiques des plus concrets, des plus faciles à expliquer à un non spécialiste. Prenez une ficelle, nouez-la et fixez les deux bouts ensemble : vous avez un nœud. La ficelle est supposée flexible et extensible. Toute transformation continue, qui ne coupe pas la ficelle, est admissible, c'est-à-dire ne change pas le nœud.

Bien que simple à définir, un nœud peut être un objet très compliqué. Cela suffit déjà à expliquer l'attraction qu'il exerce sur les mathématiciens. Ce qui est beaucoup moins évident, c'est que les nœuds intéressent aussi les physiciens, les chimistes, les biologistes. C'est pourtant le cas, depuis le milieu du XIXe siècle, et c'est encore le cas aujourd'hui.

Comme beaucoup de sujets mathématiques, la théorie des nœuds s'est développée à la fois à cause des perspectives d'applications (en physique, chimie, biologie), et pour des raisons internes aux mathématiques. Comme c'est souvent le cas, les dernières ont été encore plus déterminantes que les premières. Sans vouloir sous-estimer l'intérêt et l'importance des applications de la théorie des nœuds — on en connaît de plus en plus, comme on le verra à la fin de cet article — les mathématiciens se seraient intéressés

Texte de la 171e conférence de l'Université de tous les savoirs donnée le 19 juin 2000.

aux nœuds même s'ils avaient pensé que ceux-ci n'ont aucune utilité en dehors des mathématiques. Beaucoup de mathématiciens sont attirés par la beauté de ses objets, si concrets et pourtant si compliqués, et aussi par le défi que représente la difficulté de leur classification et la résolution de certaines questions simples à formuler, mais difficiles à résoudre. Certains problèmes, posés il y a plus de 100 ans, ont été résolus tout récemment ; d'autres sont toujours ouverts. Les progrès arrivent souvent de façon inattendue, et sont souvent basés sur des idées venant de sujets mathématiques (ou physiques) dont on ne soupçonnait pas qu'ils puissent avoir un rapport avec les nœuds. Tout cela fait de la théorie des nœuds une discipline très active, ouverte aux interactions, qui nous réserve sans doute encore des surprises !

Les débuts : Vandermonde, Gauss, Tait

Dès 1771, Alexandre-Théophile Vandermonde mentionne les nœuds dans son mémoire *Remarques sur les problèmes de situation**. Après lui, le premier mathématicien à s'intéresser aux nœuds serait le mathématicien allemand Carl Friedrich Gauss (1777-1855). Parmi les notes les plus anciennes de Gauss, on trouve des esquisses de nœuds. Par la suite, Gauss a consacré deux articles aux nœuds. Dans le premier, datant de 1833, il définit le « nombre d'enlacements » de deux nœuds. Ce nombre est ce qu'on appelle aujourd'hui un « invariant topologique » : il ne dépend pas des grandeurs, longueurs ou angles, mais seulement des positions relatives. En 1833, le mot « topologie » n'existait pas. On parlait de *geometria situs*, et il n'était pas du tout clair ce que ce concept devait recouvrir. Dans sa note de 1833, Gauss a dit que l'étude de l'invariant qu'il venait

---

* Vandermonde (A.-T.), « Remarques sur les problèmes de situation », *Mémoires de l'Académie Royale des Sciences*, Paris (1771), p. 566-574.

de définir serait une des tâches importantes *(Hauptaufgabe)* de la *geometria situs*.

Pour représenter les nœuds sur le plan, on utilise les « diagrammes de nœuds ». On part d'une projection du nœud sur le plan, et on distingue le passage supérieur du passage inférieur lors d'un croisement *(Fig. 1)*. Il est naturel — et très utile — de considérer aussi les nœuds à plusieurs composantes, appelés « entrelacs ». On les représente également par des diagrammes. Le deuxième article que Gauss a écrit sur les nœuds (et entrelacs) est de nature combinatoire, et décrit une façon de coder leurs diagrammes. La méthode de Gauss est fondamentale dans ce domaine.

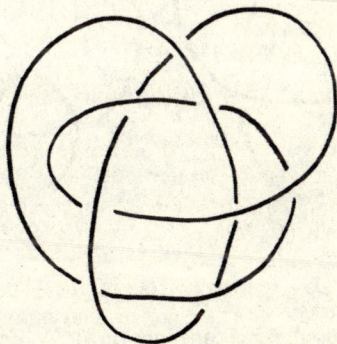

Figure 1

Le premier a avoir tenté une classification systématique des nœuds est Peter Guthrie Tait (1831-1901). Influencé par la théorie de Lord Kelvin, d'après laquelle les atomes seraient des nœuds dans l'éther, Tait a décidé que l'étude des nœuds était fondamentale pour la physique et y a consacré les trente dernières années de sa vie. Il a défini plusieurs concepts qui sont utilisés encore aujourd'hui. Tout d'abord, il a introduit des « mesures de complexité »

du nœud. Le plus important d'entre eux est sans doute le
« nombre de croisements » du nœud. Il est défini comme
étant le plus petit nombre de croisements d'un diagramme
représentant le nœud. Si *N* est un nœud, on notera la
somme de *N* son nombre de croisements. On appelle
« nœud trivial » un cercle non noué. Le nombre de croisements du nœud trivial est 0. Les nœuds non triviaux les
plus simples sont le nœud de trèfle et le nœud de huit
(Fig. 2). Le nombre de croisements du nœud de trèfle est 3 ;
celui du nœud de huit est 4.

Figure 2

Tait a aussi défini une notion de somme pour les
nœuds *(Fig. 3)*. Pour que cette opération soit bien définie,
on doit « orienter » les nœuds dont on fait la somme, autrement dit les munir d'un sens de parcours. Si *N* est un
nœud, la somme de *N* avec le nœud trivial est égal à *N* : le
nœud trivial est donc l'élément neutre par rapport à cette
opération. Un nœud est dit « décomposable » si l'on peut
l'écrire comme somme de deux nœuds non triviaux. Un
nœud non trivial qui n'est pas décomposable est dit « indé-
composable », ou « premier ». Tait a constaté expérimentalement que tout nœud se décompose de façon *unique* en
tant que somme d'un nombre fini de nœuds premiers. Cela
n'a été démontré que beaucoup plus tard par Schubert,

en 1949*. Tait n'avait pas à sa disposition les méthodes topologiques nécessaires à cette démonstration.

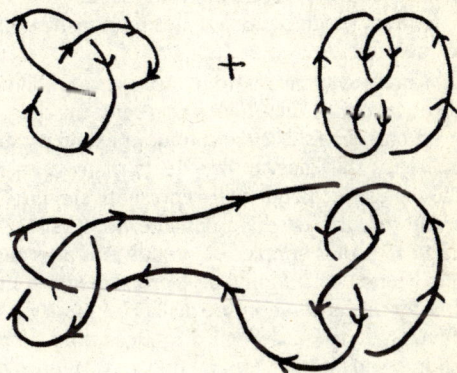

Figure 3

Avec son collaborateur Kirkman, Tait a réussi à énumérer tous les nœuds premiers à au plus 9 croisements. Dans ses tables, il considère les nœuds non orientés, et il ne distingue pas un nœud de son image dans le miroir. Ce principe a été suivi par les successeurs de Tait, qui ont aujourd'hui énuméré les nœuds à au plus 13 croisements. Il n'y a qu'un seul nœud à 3 croisements (le nœud de trèfle), et aussi un seul à 4 croisements (le nœud de huit). Il y en a 49 à 9 croisements**. D'après les travaux de Thistlethwaite***, il y a 9 988 nœuds à 13 croisements.

---

* Schubert (H.), « Die eindeutige Zerlegbarkeit eines Knoten in Primknoten », *Sitzungsber. Heidelberg. Akad. Wiss. Math.-Nat. Kl.* (1949), n° 3, 57-104.
** Burde (G.), et H. Zieschang (H.), *Knots*, Berlin, de Gruyter, 1986.
*** Thistlethwaite (M.-B.), « Knot Tabulations and Related Topics », *in Aspects of Topology* James (I.-M.), et Kronheimer (E.-M.), eds., Cambridge University Press, (1985), p. 1-76.

Les travaux de Tait et Kirkman étaient empiriques. Ils ne disposaient d'aucune méthode pour démontrer que deux nœuds sont différents, ni même qu'il existe des nœuds non triviaux ! Ce n'est qu'au début du XXe siècle, grâce aux progrès de la topologie, que de telles démonstrations sont devenues possibles.

Tait s'intéressait avant tout aux nœuds « alternés », c'est-à-dire ceux qui admettent au moins un diagramme alterné : un passage inférieur est toujours suivi par un passage supérieur. Le diagramme de la *figure 1* n'est pas alterné. De plus, le nœud qu'il représente n'a aucun diagramme alterné, il n'est donc pas alterné. C'est aussi l'un des exemples les plus simples de nœuds non alternés — en effet, tous les nœuds à moins de 8 croisements sont alternés. Tait avait un certain nombre de « principes » pour classer les nœuds alternés : il s'agit d'énoncés dont il était sûr de la validité, sans pouvoir les démontrer. Aujourd'hui, on les appelle les « conjectures de Tait ». Par exemple, Tait pensait que le « nombre de croisements était additif », autrement dit que si N et N' sont des nœuds, alors $c(N + N') = c(N) + c(N')$. Cela a été démontré en 1987 par Kauffman, Murasugi et Thistlethwaite pour les nœuds alternés*. On ne sait toujours pas si l'égalité vaut aussi pour les nœuds non alternés.

Théorie combinatoire des nœuds : opérations de Reidemeister

La théorie des nœuds a connu un nouvel essor au début du XXe siècle, notamment grâce aux nouvelles méthodes de la topologie : groupe de Poincaré (appelé aussi groupe fondamental), groupes d'homologie, etc. Cela a permis de

---

* Murasugi (K.), « The Jones Polynomials and Classical Conjectures in Knot Theory », Topology 26 (1987), 187-194.
Murasugi (K.), « The Jones Polynomials and Classical Conjectures in Knot Theory ». II, *Math. Proc. Cambridge Phil. Soc. 102* (1987), 317-318.

réaliser de grands progrès. Le lecteur intéressé pourra consulter par exemple les travaux de Burde et Zieschang*, Crowell et Fox** et Fox***.

En même temps, une autre direction de recherche a aussi beaucoup progressé : il s'agit de la « théorie combinatoire des nœuds ». L'un des problèmes fondamentaux est celui-ci : étant donnés deux diagrammes de nœuds D_1 et D_2, comment décider si les nœuds qu'ils définissent sont les mêmes ? D'une certaine manière, Kurt Reidemeister a apporté une solution à ce problème. Il a défini trois opérations sur un diagramme de nœud, appelés « mouvements de Reidemeister ». Il s'agit de modifier une partie du diagramme, en laissant le reste tel quel. Ces trois opérations ne changent pas le nœud. La première consiste à faire apparaître (disparaître) une petite boucle ; la deuxième à faire apparaître (disparaître) deux croisements jumelés ; la troisième à faire passer une branche au-dessus d'un croisement *(Fig. 4)*. Inversement, Reidemeister**** a démontré que « deux diagrammes définissent le même nœud si et seulement si l'on peut passer de l'un à l'autre en faisant un nombre fini de fois les trois opérations ci-dessus ». Malheureusement, on ne sait pas « combien de fois » on doit effectuer ces opérations ! Ce résultat est néanmoins très utile, comme nous le verrons.

Invariants de nœuds

Pour aborder des problèmes de classification, les mathématiciens utilisent souvent des « invariants ». Un invariant de nœud est un objet qui ne dépend que du nœud, et non de la manière que l'on a de représenter le nœud. Les

* *Op. cit.*
** Crowell (R.-H.), et Fox (R.-H.), *Introduction to Knot Theory*, Springer Verlag, 1963.
*** Fox (R.-H.), « A Quick Trip through Knot Theory », in *Topology of 3-manifolds and related topics*, Prentice-Hall (1962), 120-167.
**** Reidemeister (K.), *Knot Theory*, Chelsea, New York, 1948.

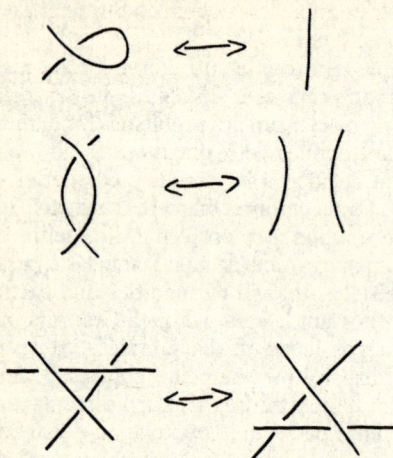

Figure 4

mesures de complexité définies par Tait en sont des exemples. Ainsi, le nombre de croisements d'un nœud est un invariant. Il y a aussi plusieurs invariants obtenus grâce à la topologie algébrique : le groupe du nœud (groupe fondamental du complémentaire), des groupes d'homologie, formes quadratiques et hermitiennes, etc. Ici, nous ne parlerons que d'invariants qui peuvent se décrire grâce à « n'importe quel diagramme du nœud » et qui sont faciles à calculer et à comparer.

    L'un des invariants des plus simples, défini par Fox, est donné grâce à la notion de « tricolorabilité ». On dit qu'un diagramme de nœud est tricolorable si l'on peut le colorier en utilisant trois couleurs, en respectant les règles suivantes. Chaque brin doit être colorié d'une seule couleur. À chaque croisement, soit les trois couleurs doivent être présentes, soit une seule couleur doit l'être. Finalement, on doit utiliser au moins deux couleurs sur les trois pour colorier le nœud. On démontre que la propriété d'être tricolorable est un invariant du nœud : autrement dit, soit tous les diagrammes du nœud sont tricolorables, soit aucun ne l'est. Pour cette démonstration, on utilise le théorème de Reidemeister*. En effet, il suffit de vérifier que les mouvements de Reidemeister ne changent pas la propriété de tricolorabilité !

On vérifie facilement que le nœud de trèfle est tricolorable, et que le nœud de huit ne l'est pas. Le nœud trivial n'est pas tricolorable non plus. Ainsi, on peut démontrer que le nœud de trèfle n'est pas trivial, et aussi qu'il est différent du nœud de huit. Cet invariant est donc utile, mais il est très faible : il ne sépare les nœuds qu'en deux classes. Une des démarches de la théorie des nœuds est de chercher des invariants de plus en plus puissants. L'idéal serait de trouver un « invariant complet », c'est-à-dire un invariant qui permet de distinguer tous les nœuds.

Les « invariants polynomiaux » ont pris beaucoup d'importance. Le premier d'entre eux a été défini par J.-W. Alexander en 1928**. Le polynôme d'Alexander n'est pas un invariant complet : par exemple, il ne distingue pas un nœud de son image dans le miroir. Le polynôme d'Alexander du nœud trivial est égal à 1. Il existe aussi des nœuds non triviaux de polynôme d'Alexander 1 — ce polynôme ne permet donc pas toujours de décider si un nœud est trivial ou non. Cependant, c'est un invariant très utile. Par exemple, il permet de distinguer la plupart des nœuds des tables de Kirkman et Tait. Il existe beaucoup de définitions de ce polynôme. Certaines sont combinatoires, et permettent un calcul rapide du polynôme à partir d'un diagramme. D'autres sont basées sur des concepts familiers de la topologie algébrique, et permettent de comprendre cette notion en la situant dans un cadre plus général.

La découverte d'un nouvel invariant polynomial par V.-R. Jones en 1984 a été beaucoup plus surprenante, et a

* Adams (C.), *The Knot Book*, Freeman, 1994.
** Alexander (J.-W.), « Topological Invariants of Knots and Links », *Trans. Amer. Math. Soc. 60* (1928), p. 275-306.

causé une véritable révolution dans la théorie des nœuds.
La première définition de Jones est basée sur des idées
issues de la théorie des algèbres de von Neumann et des
algèbres de Hecke, et peut paraître tout d'abord miracu-
leuse* ! Aujourd'hui, on dispose de plusieurs autres définitions, grâce aux travaux (entre autres) de Kauffman,
Witten, et de Jones lui-même. Contrairement au polynôme
d'Alexander, on n'en a pas trouvé de définition topologique.
Par contre, ce polynôme est lié à des domaines des mathématiques et de la physique dont on ne soupçonnait pas
qu'ils puissent avoir un rapport quelconque avec les
nœuds. Comprendre ces phénomènes est encore un sujet
de recherche en plein développement. Ce polynôme a aussi
été à la base de la démonstration des « conjectures de
Tait ». Par exemple, le nombre de croisements d'un nœud
alterné se lit très facilement à partir de son polynôme de
Jones. Ce nouvel outil a donc permis de résoudre des problèmes datant de plus de 100 ans.

D'autre part, il existe aussi une définition de nature
combinatoire qui fait apparaître une grande similitude entre
les polynômes d'Alexander et de Jones. Il s'agit de la théorie
des « invariants d'écheveau », inventée par J. Conway en
1969. La relation d'écheveau est une relation liant les invariants des entrelacs N_+, N_- et N_0, chaque fois que ces trois
entrelacs ne diffèrent qu'à un seul croisement, comme dans
la *figure 5*. Plus précisément, si P est un invariant à valeurs
dans un anneau A (le plus souvent un anneau de polynômes), on dit que P satisfait une relation d'écheveau s'il
existe a_+, a_- et a_0 et $\in A$ tels que $a_+ P_{N+} + a_- P_{N-} + a_0 P_{N0} = 0$. Les
polynômes d'Alexander et de Jones satisfont tous deux à
de telles relations. Il existe aussi un polynôme à deux variables qui permet de retrouver chacun de ces deux polynô-

* Jones (V.-F.-R.), « A Polynomial Invariant of Knots via von
Neumann Algebras », *Bull. Amer. Math. Soc. 12* (1985), p. 103-111.
Jones (V.-F.-R.), « Hecke Algebra Representations of Braid Groups
and Link Polynomials », *Ann. of Math. 126* (1987), p. 335-388.
Harpe (P. de la), Kervaire (M.), et Weber (C.), « On the Jones Polyno-
mial », *Enseign. Math. 32* (1986), p. 271-335.

mes*. Cette belle théorie a cependant ses limites : aucun invariant d'écheveau n'est un invariant complet.

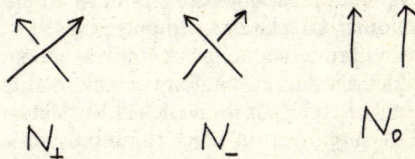

Figure 5

L'approche de Vassiliev, datant de la fin des années 1980, a également apporté une approche nouvelle de la théorie des nœuds. Elle présente deux innovations majeures. D'une part, en plus des nœuds habituels, Vassiliev considère aussi des « nœuds singuliers », c'est-à-dire ayant des points doubles. D'autre part, sa théorie permet d'aborder « tous » les invariants numériques des nœuds en même temps, et de retrouver les invariants polynomiaux définis précédemment**. Beaucoup de spécialistes pensent que la théorie de Vassiliev permettra de distinguer tous les nœuds, mais ce n'est pas démontré à l'heure actuelle. Il n'est pas possible d'en dire plus ici, mais le lecteur pourra consulter les articles de Vassiliev et Vogel, ainsi que les présentations accessibles aux non-spécialistes dans les articles de Sossinsky***.

---

* Harpe (P. de la), Kervaire (M.), et Weber (C.), *op. cit.*
** Birman (J.), et Yin (X.-S.), « Knot Polynomials and Vassiliev Invariants », *Invent. Math. 111* (1993), p. 253-287.
*** Vassiliev (V.-A.), « Cohomology of Knot Spaces, Theory of singularities and its Applications » (Arnold (V.-I.), ed.), Advances in Soviet Math. vol. I, rev. ed. *Amer. Math. Soc.* Providence, RI, 1990, p. 23-70. Vassiliev (V.-A.), *Complements of Discriminants of Smooth Maps*, Topology and applications, rev. ed. *Amer. Math. Soc.* Providence, RI, 1994. Vogel (P.), « Invariants de Vassiliev des nœuds », Séminaire Bourbaki 1992/93, *Astérisque* 216, Exp. 769, 20p.
Sossinsky (A.), « Les invariants de Vassiliev », *Pour la Science*, dossier hors-série, avril 1997, p. 82-85.

Comme nous l'avons vu, on dispose maintenant de beaucoup d'invariants. Si aucun des invariants polynomiaux connus n'est un invariant complet, il existe des invariants plus sophistiqués qui le sont — ou presque. En effet, Gordon et Luecke ont démontré en 1989 que pour les nœuds « premiers », le groupe du nœud est un invariant complet. C'est un résultat important, mais qui ne met pas fin à la recherche sur les nœuds et leurs invariants. Le groupe d'un nœud est un objet compliqué. Il serait très intéressant de trouver un invariant complet plus simple — par exemple, un invariant polynomial.

Déjà au XIXe siècle, une partie des motivations pour l'étude des nœuds venait des perspectives d'applications dans d'autres sciences. C'est encore le cas aujourd'hui. Les liens avec la physique sont nombreux*. La théorie des nœuds intervient aussi en chimie et biologie, et cela de deux manières. D'une part, les chimistes créent des molécules nouées ou entrelacées afin d'obtenir de nouvelles substances ayant des propriétés intéressantes**. La théorie des nœuds est également utile pour l'étude de la topologie de l'ADN. Bien que l'ADN naturel soit rarement noué, des nœuds et entrelacs se forment lors des processus de réplication, transcription et recombinaison. Certains enzymes, appelés *topoisomérases*, modifient la topologie de l'ADN***. Leur action rappelle les transformations topologiques qui interviennent dans les relations d'écheveau utilisés pour le calcul de certains invariants polynomiaux *(Fig. 5)*.

RÉFÉRENCES

– BAR-NATHAN (D.), « On the Vassiliev Knot Invariants », *Topology 34*, p. 423-475.
– BIRMAN (J.), « Braids, Links and Mapping Class Groups », *Annals of Mathematics Studies 82*, Princeton University Press, 1976.

---

* Kauffman (L.), *Knots and Physics*, World Scientific, 1991.
** Sauvage (J.-P.), « La topologie moléculaire », *Pour la Science*, dossier hors-série, avril 1997, p. 112-118.
*** Wang (J.), « Les enzymes qui modifient la topologie de l'ADN », *Pour la Science*, dossier hors-série, avril 1997, p. 120-129.

– CONWAY (J.-H.), « An Enumeration of Knots and Links », *Computational problems in abstract algebra* (ed. J. Leech), Pergamon Press (1969), p. 329-358.

– DUPLANTIER (B.), « Les polymères noués », *Pour la Science*, dossier hors-série, avril 1997, p. 119.

– GAUSS (C. F.), « Zur matematischen Theorie der electrodinamischen Wirkungen », manuscrit publié dans *Werke*, vol. 5, *Königl. Ges. Wiss. Göttingen*, (1877), 605.

– GORDON (C. McA), LUECKE (J.), « Knots are determined by their complements », *J. Amer. Math. Soc. 2* (1989), p. 371-415.

– JONES (V.-F.-R.), « Les nœuds en mécanique statistique », *Pour la Science*, dossier hors-série, avril 1997, p. 98-103.

– KAUFFMAN (L.), « On knots », *Annals of Mathematics Studies 115*, Princeton University Press, 1987.

– STASIAK (A.), « Nœuds idéaux et nœuds réels », *Pour la Science*, dossier hors-série, avril 1997, p. 106-111.

– TAIT (P.-G.), « On knots », I.II.III., Scientific Papers, Vol I. (1898), p. 273-347.

– WITTEN (E.), « Quantum field theory and the Jones polynomial », *Comm. Math. Phys. 121* (1989), p. 351-399.

Espaces et nombres*

par JACQUES TITS

Tout mathématicien doit un jour ou l'autre faire face à la question : « Y a-t-il encore des choses nouvelles à faire en mathématiques ? En quoi peut bien consister l'activité d'un mathématicien ? » Pour répondre à ce genre de questions, il m'est arrivé jadis, lors de conférences destinées à un public non spécialisé, de m'armer du dernier volume paru des *Mathematical Reviews*. Il s'agit d'une revue publiant de brefs résumés de tous les articles originaux qui paraissent en mathématiques. Chaque fascicule mensuel comportait quelques cinquante à cent pages in 4° lorsque j'ai commencé à y être abonné, à la fin des années 1940. En un an, la publication atteignait ainsi l'épaisseur d'un gros dictionnaire. Dans les années 1970, un volume de cette importance était déjà consacré au seul index annuel. Depuis lors, les *Mathematical Reviews* ont encore enflé, et un an de publication remplirait maintenant deux énormes valises.

Cette masse considérable de choses nouvelles, découvertes année après année, en mathématique, pourrait faire

———

Texte d'après la 172ᵉ conférence de l'Université de tous les savoirs donnée le 20 juin 2000.

* Faute de temps, je n'ai pas pu rédiger ma conférence dans les délais prévus par les responsables du projet en lui donnant la forme que j'aurais souhaitée. La version très approximative que l'on trouvera ici est basée sur un texte qu'a bien voulu préparer Mˡˡᵉ Juliette Roussel à partir d'un enregistrement de l'exposé oral.

craindre que cette science ne devienne une vraie Tour de Babel, personne ne pouvant évidemment maîtriser une telle quantité d'information. Curieusement, la réalité est tout autre. Beaucoup de mathématiciens restent peu ou prou au courant des grandes tendances de leur domaine, et si l'on réunit un petit groupe d'entre eux venant même d'horizons très différents, ils ne tardent généralement pas à se découvrir des intérêts communs.

L'algèbre et la géométrie, dont je suis censé vous parler, concernent une part non négligeable de ces mathématiques en expansion. Comme il est exclu que je puisse vous communiquer ici ne serait-ce qu'une infime partie de « tous les savoirs », je me contenterai de passer en revue quelques aspects de ces domaines qui me paraissent importants.

Les origines

Le mot « géométrie » vient du grec *geometria*, c'est-à-dire « terre » et « mesure ». Il évoque l'idée d'arpentage et l'on appelle encore « géomètre expert » le technicien qui s'occupe du levé des plans et du nivellement. La science elle-même, la géométrie, est plus ancienne que le mot. Certaines « constructions géométriques » datent de l'Égypte et de la Mésopotamie du IIe millénaire avant notre ère. L'aspect philosophique et strictement scientifique de cette science remonte à la Grèce antique. « Que nul n'entre ici s'il n'est géomètre » : dans cette formule inscrite au fronton de l'Académie de Platon, il faut entendre le mot « géomètre » au sens le plus large qui soit, celui de mathématicien. Ce sens a été conservé longtemps ; c'était celui utilisé par Pascal lorsqu'il opposait l'esprit de géométrie et l'esprit de finesse.

Le mot « algèbre », lui, vient de l'arabe *al-jabr* qui signifie « contrainte », « réduction » ; il figure dans le titre d'un ouvrage de Al-Khawarizmi, du IXe siècle. Dans le langage populaire, algèbre veut souvent dire « une chose incompréhensible ». « C'est de l'algèbre pour moi » est ainsi synonyme de « c'est du chinois ». Plus sérieusement, lorsque l'on parle d'algèbre, on pense le plus souvent au calcul avec des lettres. L'utilisation de lettres pour désigner des inconnues dans le calcul algébrique date de Viète (1540-1603). C'est à la même époque, peut-être un peu plus tôt, que sont apparues les principales notations de ce calcul : + (addition), − (soustraction), × (multiplication), a^b (notation exponentielle), ...

Les contenus des mots « géométrie » et « algèbre » ont, bien entendu, énormément évolué, mais ils sont cependant, à certains égards, restés fidèles à leurs origines. Les idées primitives de géométrie et d'algèbre sont encore bien présentes dans l'énorme construction à laquelle elles ont donné naissance (énorme, car ces deux domaines représentent peut-être un quart des mathématiques, c'est-à-dire un volume gigantesque de connaissances).

La frontière entre la géométrie et l'algèbre

Nous avons donc affaire à deux sciences bien établies, puisqu'elles sont largement séculaires, voire millénaires. Un aspect un peu inattendu de leur évolution est qu'au cours des siècles, elles ont eu tendance à se rapprocher au point d'en arriver presque à se confondre. À certains égards il n'y a plus de grande distance entre elles. Il subsiste seulement une petite différence qui tient au point de vue adopté : on peut distinguer une « approche géométrique » et une « approche algébrique » des questions. Un bon article présente souvent les deux aspects. Le fait d'adopter un point de vue plutôt qu'un autre est une question d'idiosyncrasie. Les uns sont plus géomètres et les autres plus algébristes.

La vision courante que le public a de la géométrie et de l'algèbre est souvent fausse ou du moins dépassée. En simplifiant, on se représente le géomètre comme quelqu'un qui résout des problèmes, les fameux « problèmes (ou applications) de géométrie ». Selon cette conception, les géomètres de métier résoudraient des problèmes de plus en plus difficiles, mais dans un cadre immuable, celui fixé par les axiomes de la géométrie euclidienne. Certains imaginent la géométrie comme une discipline parfaitement linéaire, avec des théorèmes qui s'enchaînent les uns aux autres. C'est ainsi que l'on peut entendre des phrases telles que « moi, en géométrie, je me suis arrêté au théorème 12 » ou « j'ai été jusqu'au volume de la sphère », etc.

L'algébriste est vu comme quelqu'un qui calcule avec des lettres, qui résout des équations de plus en plus compliquées, du premier, du deuxième, du troisième degré, etc.

Ainsi, l'algébriste et le géomètre se distingueraient des autres scientifiques par le fait qu'ils travaillent dans un cadre et selon des règles immuables. D'où la question « qu'y a-t-il donc de neuf en mathématique ? ». En revanche, il est accordé aux autres scientifiques qu'eux au moins découvrent des choses, des objets nouveaux qu'il s'agit pour eux d'étudier.

La réalité des mathématiques est tout autre. Ce dont elles s'occupent, ce sont aussi des objets nouveaux qu'il faut découvrir et étudier. Ces « objets mathématiques » sont seulement un peu plus abstraits que ceux dont s'occupent les autres sciences, encore que toute science étudie, par essence même, des êtres abstraits. Un physicien parle d'électrons mais, à proprement parler, il n'existe pas vraiment d'électrons ! Il s'agit d'un concept. Bien sûr, les concepts mathématiques sont un peu plus abstraits et donnent aux mathématiciens une liberté que n'ont pas les autres scientifiques. Le mathématicien peut plus librement inventer les objets de son étude.

Cependant, inventer ne veut pas dire inventer n'importe quoi. Les notions que le mathématicien introduit doivent être intéressantes du point de vue de l'ensemble des mathématiques et de leurs applications, qui sont nombreuses. Je voudrais donner un premier exemple d'objet mathématique, en me référant justement à la vision simpliste, évoquée précédemment des algébristes « résolveurs d'équations ». Depuis Abel (1802-1829), et surtout Galois (1811-1832), une équation algébrique a cessé d'être un problème que l'on cherche seulement à résoudre, pour devenir un objet que l'on peut étudier. Une équation a des propriétés, et il arrive assez souvent qu'on l'étudie sans se demander si elle a des solutions ou non, ou même sans s'intéresser à ses solutions, lorsque l'on sait qu'elle en a. Autrement dit, on peut s'intéresser aux *propriétés* des équations plus qu'à leur *résolubilité*.

Un résultat récent, abondamment cité dans la presse non spécialisée, va plutôt dans la direction opposée. Il est ici question d'équations qui n'ont pas de solution. Le dernier « théorème » de Fermat (~ 1640) est une affirmation qui a été annoncée par Fermat :

« *Si n est un entier > 2, l'équation $x^n + y^n = z^n$ n'a pas de solution, avec* x, y, z *entiers non nuls.* »

Fermat écrivait dans les marges de ses livres. Dans une marge de son exemplaire de l'« Arithmétique » de Diophante, il a énoncé la propriété ci-dessus, en indiquant qu'il n'avait pas assez de place pour en noter la démonstration. On ne sait s'il possédait vraiment une telle démonstration, mais cela paraît peu probable. Quoi qu'il en soit, ce théorème a été démontré par A. Wiles en 1994, en s'aidant notamment de nombreux résultats auxiliaires, dus à d'autres auteurs*.

Je voudrais attirer l'attention sur la façon dont cette propriété a été énoncée ici. Je n'ai pas dit « L'équation $x^n + y^n = z^n$ n'a pas de solution ». J'ai précisé « avec x, y, z entiers non nuls ». Il est très important en mathématique de préciser toujours toutes les conditions dans lesquelles on se place, sinon on en vient rapidement à dire des choses fausses. Dans le cas présent, l'affirmation « l'équation $x^n + y^n = z^n$ n'a pas de solution » est fausse puisque

$$1^3 + 1^3 = (\sqrt[3]{2})^3$$

Ce qui se passe ici, c'est que $\sqrt[3]{2}$ n'est pas un entier. L'énoncé devient donc faux si l'on oublie la condition d'intégrité de x, y, z.

Cela m'amène à une autre remarque. J'ai déjà parlé de la vision simpliste que l'on a des mathématiciens, dont

---

* Lire à ce sujet la 168ᵉ conférence de l'Université de tous les savoirs donnée par Yves Hellegouarch.

l'activité consisterait essentiellement à faire des calculs très élaborés ou à dessiner des graphiques compliqués. Or, les ordinateurs faisant ces choses beaucoup plus efficacement que nous, on en déduirait que les mathématiciens sont devenus inutiles. Pour voir l'absurdité d'une telle conception, il suffit de songer au théorème de Wiles : quel ordinateur serait capable de le démontrer ? Pour ne citer qu'un obstacle parmi d'autres, disons que, sans apport extérieur, un simple ordinateur, qui a nécessairement une capacité limitée, ne peut prendre en compte le fait théorique que l'on s'intéresse ici à des nombres entiers « quelconques ».

Les objets mathématiques

Nous avons déjà entrevu que parmi les objets d'étude des algébristes se trouvent des équations de toutes espèces, par exemple des équations algébriques. Mais les équations algébriques établissent des liens entre des objets plus élémentaires, à savoir des nombres. De manière un peu simplifiée on peut conclure que les objets primitifs dont s'occupent les algébristes sont les nombres ; par ailleurs, il s'avère que ceux-ci interviennent le plus souvent par le biais de *systèmes de nombres*.

De même, les géomètres étudient des *figures*. Les figures sont généralement situées dans des *espaces*, de sorte que les objets d'étude primitifs du géomètre sont, en fin de compte, les espaces. La création, ou la découverte, d'espaces nouveaux, à usages variés, est l'une des activités majeures des géomètres.

Ainsi, les algébristes créent en permanence de nouveaux systèmes de nombres et les géomètres de nouveaux espaces. Je n'essaierai pas, dans cette conférence, de définir les deux notions, de système de nombres et d'espace, avec précision ; je mentionnerai seulement qu'à l'analyse, il n'existe entre elles aucune différence de fonds, mais seulement une différence de contenu intuitif, ce qui étaye les remarques faites plus haut sur l'identité fondamentale entre algèbre et géométrie.

Notons encore au passage que si l'on voit les algébristes comme les mathématiciens qui s'intéressent aux nombres et aux systèmes de nombres, il faut ranger parmi eux les arithméticiens.

Les nombres

J'ai été amené à citer comme objet d'étude privilégié des algébristes les systèmes de nombres plutôt que les nombres eux-mêmes. En effet, il est assez rare qu'un nombre isolé soit un sujet d'étude. Cela arrive cependant, comme on va le voir.

L'EXEMPLE DE Π = 3,141592653589793238...

Ce nombre est, par définition, le quotient de la longueur d'un cercle par la longueur de son diamètre. C'est la première raison pour laquelle il est considéré en pratique. Depuis très longtemps, il a intéressé autant les techniciens que les mathématiciens « purs », arithméticiens et géomètres : nous retrouvons ici l'interpénétration de l'algèbre et de la géométrie.

L'une des premières choses que l'on a essayé de faire est de donner des valeurs approchées de π sous la forme de fractions. Archimède aurait pour la première fois estimé π par 22/7. Ayant imaginé un procédé géométrique permettant d'approcher avec toute précision souhaitée, il avait notamment établi que :

$$3 + 1/7 < \pi < 3 + 10/71.$$

Une autre approximation célèbre est 355/113. Elle a été donnée par un mathématicien chinois, Zu Chongzhi, à la fin du ve siècle. Le Hollandais Anthonisz, l'a redécouverte onze siècles plus tard. La théorie des fractions continues permet de montrer que 355/113 est une valeur approchée remarquablement bonne de π.

Ce n'est que beaucoup plus tard que la question théorique naturelle évidente a été posée : « Existe-t-il une

fraction à termes entiers dont le quotient est exactement
égal à π ? » Puisqu'un nombre qui est le quotient de deux
nombres entiers est appelé un nombre rationnel, cette
question revient à demander si π est un nombre rationnel*.
Un mathématicien allemand, J. Lambert, a démontré en
1766 que π n'est pas un nombre rationnel (la démonstration, qui présentait une petite lacune, a été complétée en
1784 par Legendre).

Comme π n'est pas rationnel il n'est pas solution d'une
équation du type :

$$a\pi + b = 0$$

avec a et b entiers : autrement dit, une équation à coefficients entiers du premier degré ne peut avoir π comme
solution. Plus généralement, π est-il un nombre « algébrique » ? (on nomme ainsi les solutions d'équations polyno-
miales à coefficients entiers de degré quelconque, c'est-à-
dire de la forme $a_0 + a_1x + a_2x^2 + \ldots + a_nx^n = 0$). Il a été
prouvé que non : aucune équation à coefficients entiers n'a
pour solution le nombre π. En particulier π n'est certainement pas la racine carrée du nombre 10, comme l'avait
affirmé un mathématicien vivant au VIIe siècle, Brahmagupta,
sinon il satisferait à l'équation polynomiale.

$$\pi^2 - 10 = 0.$$

Le fait que π n'est pas un nombre algébrique — on dit
qu'il est « transcendant » — a été démontré en 1882 par
Lindemann. Un sous-produit de ce résultat est l'impossibilité de la quadrature du cercle. De façon précise, la

---

* Le mot « rationnel » doit être pris ici dans son sens mathématique.
Les mathématiques sont truffées de vocables de la vie courante dotés
de significations conventionnelles qui ne sont pas celles de la langue
commune mais dont le sens usuel est, pour le mathématicien, évoca-
teur de l'objet mathématique qu'il entend désigner (corps, anneaux,
faisceaux, ensemble ouvert, spectre, fantôme, etc.). Les notions
mathématiques sont trop abondantes et de nature trop variée pour
que les mathématiciens puissent, comme les chimistes ou les biologistes, se forger une terminologie cohérente à base de racines latines
ou grecques. Je puis citer comme exemple une notion que j'ai introduite dans mes travaux et qui a reçu de N. Bourbaki le nom imagé
d'« immeuble » : il ne s'agit évidemment pas de lieux d'habitation !

quadrature du cercle n'est pas possible avec les moyens que l'on est censé utiliser, à savoir la règle, le compas et les constructions élémentaires de la géométrie. Cette assertion, due à Lindemann, résolvait définitivement un problème favori des chercheurs amateurs depuis des siècles.

LES NOMBRES PREMIERS

Un autre exemple de nombres qui, même pris isolément, présentent beaucoup d'intérêt, tant pour les mathématiciens que pour les utilisateurs des mathématiques, est celui des « nombres premiers ». Un nombre premier est un nombre entier qui ne peut pas être décomposé en produit de deux entiers supérieurs à 1. Lorsque j'étais enfant, le plus grand nombre premier connu était $2^{127} - 1$. Ce nombre comporte environ 40 chiffres. À cette époque, on était capable de démontrer que ce nombre-là était premier, mais il n'était pas imaginable de donner une méthode générale que l'on puisse appliquer à tout nombre de 40 chiffres afin de déterminer s'il était premier. Les ordinateurs permettent maintenant de résoudre en quelques secondes ce même problème pour des nombres ayant jusqu'à 2 000 chiffres. En revanche, les nombres à 20 000 chiffres dépassent toujours les possibilités de calcul par ordinateur.

Un autre problème, beaucoup plus difficile, concernant toujours les nombres premiers, consiste à trouver deux nombres premiers dont on connaît le produit (problème de factorisation). Les ordinateurs peuvent en apporter la réponse pour des nombres premiers assez petits, mais pour deux nombres premiers de 200 chiffres, par exemple, dont le produit a environ 40 000 chiffres, ils sont impuissants. Il ne s'agit pas ici d'un simple amusement de mathématiciens. Cette question est importante en cryptologie car les produits de deux très grands nombres premiers sont utilisés pour coder des messages*. Voilà donc une question

---

* Lire à ce sujet la 252ᵉ conférence de l'Université de tous les savoirs donnée par Jacques Stern.

théorique passionnante, qui se révèle utile en pratique : peut-être trop utile d'ailleurs puisqu'elle est utilisée à des fins militaires.

Revenons aux nombres premiers. La suite de ces nombres : 2, 3, 5, 7, 11, 13, 17, 19, 23, 29, 31, 37, 41, ..., est illimitée. C'est là un résultat très ancien, l'un des plus beaux des mathématiques antiques, dû à Euclide au IIIe siècle avant notre ère. Nous disposons maintenant de formules asymptotiques estimant la grandeur du $n^{ième}$ nombre de la suite en question (« $n^{ième}$ nombre premier »). Le théorème dit « des nombres premiers », qui fournit une telle estimation, a été démontré à la fin du XIXe siècle par J. Hadamard (1896) et Ch.-V. de la Vallée-Poussin (1899). Une formule conjecturale beaucoup plus précise fait l'objet de la célèbre hypothèse de Riemann (1859) dont la preuve est, depuis bientôt 150 ans, l'un des plus fameux problèmes non résolus des mathématiques.

LES SYSTÈMES DE NOMBRES

Comme je l'ai dit précédemment, les systèmes de nombres sont en général des objets plus importants que des nombres particuliers. Chacun de ceux auxquels on s'intéresse constitue à lui seul une branche de l'algèbre, trop vaste pour être abordée ici : citons, parmi bien d'autres, le système des nombres rationnels, des nombres réels, des nombres entiers, des nombres complexes, des entiers modulo un nombre entier n donné, etc. Il s'agit là de systèmes, donc chacun est unique en son genre et d'importance primordiale en mathématique. Mais un rôle plus essentiel est encore joué en algèbre contemporaine par certaines classes de systèmes algébriques telles que les anneaux, les corps, les groupes, etc. La théorie des groupes occupe dans pratiquement tous les domaines des mathématiques et même en physique, voire en chimie, une très grande place.

Les espaces

Comme on l'a dit, les géomètres ont pour objets d'étude premiers des espaces. Les espaces euclidiens à trois, quatre, cinq... dimensions sont connus de tous. Les espaces à plus de trois dimensions semblent très compliqués à certains. Ils sont pourtant faciles à définir. Un point dans un espace à trois dimensions est repéré à l'aide de trois nombres. Un point dans un espace à dix-sept dimensions est repéré à l'aide de dix-sept nombres. Il faut utiliser pour cela des nombres réels, au sens technique, c'est-à-dire les fractions décimales illimitées. L'espace euclidien n'est pas qu'un ensemble de points : c'est un ensemble de points structuré d'une certaine manière. Dans la définition d'un espace, il est essentiel d'en donner aussi la structure.

L'analyse mathématique utilise des espaces assez semblables aux espaces euclidiens mais ayant une infinité de dimensions ; contrairement à ce qui se passe pour la dimension finie, l'énoncé de la dimension ne suffit plus, à elle seule, à caractériser un tel espace et il en existe une grande variété. Le plus simple (et le plus utilisé) de ces espaces de dimension infinie est l'espace de Hilbert, mais les espaces de Banach, les espaces de Sobolev... sont d'autres catégories d'espaces très importants en analyse.

Les géomètres considèrent également des espaces n'ayant qu'un nombre fini de points. Je veux en décrire un, particulièrement remarquable : c'est une ensemble M de 24 points dans lequel certains sous-ensembles de 8 points sont distingués et appelés *droites*, et tels que 5 points distincts quelconques appartiennent à une et une seule droite. Un tel espace existe et est unique à isomorphisme près. Le groupe de tous ses automorphismes (c'est-à-dire des permutations de M conservant le système des droites) est un groupe remarquable, appelé « groupe de Mathieu », d'ordre 244 823 040. Les propriétés combinatoires de l'espace M ont été utilisées de façon essentielle lors du premier voyage sur la Lune.

Particulièrement importants en géométrie et surtout en géométrie différentielle, les espaces de Riemann sont aux espaces euclidiens ce que les surfaces courbes sont au plan. Il est donc légitime de les voir comme des « espaces courbes* ». Ils ont été conçus par B. Riemann en 1854. Soixante ans plus tard, Einstein les a utilisés pour fonder sa théorie de la Relativité générale. Riemann a introduit ces espaces dans sa thèse d'habilitation où il parle notamment de questions de physique et de la structure infinitésimale de l'espace physique. Voici (dans la traduction de L. Laugel**) comment il explique pourquoi il a introduit ces espaces courbes :

« La réponse à ces questions [relatives à la nature de l'espace] ne peut s'obtenir qu'en partant de la conception des phénomènes, vérifiée jusqu'ici par l'expérience, et que Newton a prise pour base, et en apportant à cette conception les modifications successives, exigées par les faits qu'elle ne peut pas expliquer. Des recherches partant de concepts généraux, comme l'étude que nous venons de faire [sur les espaces courbes], ne peuvent avoir d'autre utilité que d'empêcher que ce travail [d'explication de la nature] ne soit entravé par des vues trop étroites, et que le progrès dans la connaissance de la dépendance mutuelle des choses ne trouve un obstacle dans les préjugés traditionnels. »

---

* Lire à ce sujet la 179ᵉ conférence de l'Université de tous les savoirs donnée par Jean-Pierre Bourguignon.
** Gauthier-Villars, Paris, 1898.

Analyse, modèles et simulations

par PIERRE-LOUIS LIONS

Introduction

Cet exposé aborde les questions intimement liées des
simulations numériques, de la modélisation et des thèmes
mathématiques associés qui relèvent de la branche des
mathématiques appelée analyse.

Notre objectif est d'expliquer brièvement, et de manière
non technique (c'est-à-dire avec très peu de notations
mathématiques), ce que sont les simulations numériques,
pourquoi celles-ci sont nécessaires ou utiles et enfin le rôle
des mathématiques dans le calcul scientifique. Plus précisément, même si le vocable « simulation » (au sens du calcul
scientifique) est passé dans le langage courant, nous voulons :

— Illustrer par quelques exemples le thème en pleine
expansion depuis quelques décennies des simulations
d'équations aux dérivées partielles (EDP en abrégé) non
linéaires, c'est-à-dire la résolution numérique de modèles
(physiques, chimiques, biologiques, des sciences de l'ingénieur, économiques ou financiers...) basés sur des EDP.

— Rappeler les évolutions de la modélisation à travers
quelques éléments historiques et des tendances récentes
importantes (non-linéarités, couplages...).

Texte de la 173e conférence de l'Université de tous les savoirs donnée
le 21 juin 2000.

— Montrer les interactions fortes (dans les deux « sens » !) avec les mathématiques et plus particulièrement avec l'analyse mathématique (analyse des modèles, méthodes numériques…).

Et nous mentionnerons également les conséquences de ces interactions sur la formation des mathématiciens appliqués (ou également des ingénieurs).

Exemples de problèmes et de simulations

Il n'est pas possible dans ce court article de multiplier les exemples (ni de les présenter en détail) et nous nous contenterons de mentionner deux exemples (de nombreux autres seront évoqués dans la suite) tirés de notre expérience personnelle.

Le premier concerne le problème de la simulation d'une cuve d'électrolyse d'aluminium, problème industriel très difficile de par la multiplicité et la « sévérité » des phénomènes physiques en jeu. L'enjeu est de comprendre ce qui se passe à l'intérieur des cuves de façon à pouvoir les améliorer ou étudier (et concevoir) les futures générations. Les possibilités d'expérimentation étant très réduites, la simulation semble être la seule voie possible. Pour ce faire, la modélisation, c'est-à-dire l'écriture des équations mathématiques (et leurs conditions aux limites) représentant les principaux phénomènes physiques, est bien sûr la première étape (même si, en fait, il s'agit d'établir une véritable hiérarchie de modèles pour prendre en compte successivement et progressivement de plus en plus de phénomènes, et donc la chronologie d'un tel projet n'est pas aussi simple que la présentation que nous en faisons…). Dans le cadre d'une collaboration étroite sur plusieurs années avec Pechiney, une équipe composée d'environ trois ingénieurs et un conseiller de la société et de trois mathématiciens appliqués (aidée par des électrochimistes…) a donc bâti un modèle (en fait, des modèles) prenant en compte les deux domaines physiques prépondérants à savoir l'électromagnétisme et la mécanique des fluides (un tel couplage relève de la magnéto-hydro dynamique, MHD en abrégé). Une fois écrites les équations, il a fallu les analyser mathématiquement et les résoudre numériquement.

Un deuxième exemple concerne le traitement des images et des films numériques. Par exemple, il s'agit d'extraire d'images fortement bruitées les formes des objets ou bien d'extraire de séquences d'images (films) fortement bruitées des objets animés d'un mouvement régulier. À la différence de l'exemple précédent, la modélisation ne peut s'appuyer sur des théories scientifiques établies (comme l'électromagnétisme ou le mécanisme des fluides) et il s'agit donc de la bâtir *ex nihilo* (ou presque…). À nouveau, une fois la mise en équations réalisée, l'analyse mathématique et la résolution numérique prennent le relais. Enfin, comme cela était clairement illustré dans l'exposé, la résolution numérique permet d'expérimenter et donc de corriger les modèles. C'est ainsi que les résultats pratiques sur les images et les films se sont considérablement améliorés en vingt ans par passages successifs d'équations linéaires (équation de la chaleur = filtrage gaussien) à des équations faiblement non linéaires, puis enfin à des équations très fortement non linéaires.

EDP : un outil essentiel

TENTATIVE DE DÉFINITION

Une définition possible d'une EDP est celle d'un ensemble de relations (= équations) entre les dérivées (partielles) d'une fonction. Cette apparente simplicité cache en fait des difficultés considérables illustrées par quelques rappels historiques destinés à montrer que les concepts de dérivées ou de fonctions ont considérablement évolué et que de célèbres controverses ont éclaté sur la signification des équations. Ainsi, de concepts un peu « flous » introduits par Leibniz et Newton, est-on passé progressivement, au XIXᵉ siècle, à une notion précise et restrictive de dérivées. Si cette notion est devenue la notion mathématique centrale, des avancées considérables nécessitées par les EDP (et dans lesquelles des physiciens comme Dirac ont joué un rôle important) ont eu lieu au XXᵉ siècle à travers les travaux de Lebesgue, Sobolev, Leray et Schwartz. Ces avancées se sont traduites par un affaiblissement considérable des restrictions sur les notions de fonctions et surtout de dérivées.

Il est utile également de rappeler les controverses liées à l'équation des ondes (et aux travaux de D'Alembert) :

$$(1) \qquad \frac{\partial^2 u}{\partial t^2} - \frac{\partial^2 u}{\partial x^2} = 0$$

dont les solutions peuvent s'exprimer sous la forme de superposition de deux ondes c'est-à-dire $u = a(x + t) + b(x + t)$. La question est (ou était) alors de savoir pour quelle classe de « fonctions » a et b cette écriture et (1) ont-elles un sens.

Le même type de questions s'est posée quand Fourier a proposé de résoudre l'équation de la chaleur :

$$(2) \qquad \frac{\partial u}{\partial v} - \frac{\partial^2 u}{\partial x^2} = 0$$

par des séries depuis appelées séries de Fourier (dont l'étude a donné naissance au secteur de l'analyse appelé analyse harmonique et qui constituent le précurseur des méthodes spectrales en calcul scientifique).

Pour les lois de conservation comme par exemple :

$$(3) \qquad \frac{\partial u}{\partial t} + \frac{\partial}{\partial x}(u^2) = 0,$$

Riemann a introduit au XIXᵉ siècle une notion de solution discontinue (les discontinuités correspondant au phénomène physique d'ondes de chocs) et commet une erreur célèbre, corrigée par la suite, qui a donné naissance au problème de Riemann qui est à la base de la plupart des méthodes modernes de calcul (on parle de « solveur de Riemann »…) pour de telles équations.

Enfin, signalons la distinction entre les modèles écrits en termes d'EDP et ceux utilisant des Équations Différentielles Ordinaires (EDO en abrégé) qui revient à distinguer le continu du discret, les « structures » flexibles des structures rigides, ou les fonctions des points.

Analyse, modèles et simulations

UN EXEMPLE : LA MÉCANIQUE DES FLUIDES ET LA DYNAMIQUE DES GAZ

Ce sujet est un sujet central aussi bien du point de vue de la modélisation que des applications. Il nous paraît utile de rappeler quelques dates sur les principales étapes de la modélisation (même si cette « histoire » est loin d'être achevée de nos jours puisqu'il est aujourd'hui toujours nécessaire de progresser dans la modélisation de la turbulence, des fluides complexes ou des « fluides géophysiques » par exemple). En 1755, motivé par la question « pratique » de la conception de fontaines, Euler introduit les équations qui portent son nom :

$$(4) \quad \begin{cases} \dfrac{\partial \rho}{\partial t} + div(\rho u) = 0, \ \rho \geq 0 \text{ est la densité} \\[2ex] \dfrac{\partial \rho u}{\partial t} + div(\rho u \otimes u) + \nabla p = 0, \ u \text{ est la vitesse} \\ \hspace{5cm} \text{et } p \text{ la pression,} \end{cases}$$

système d'équations non linéaires pour lequel Euler souligne la difficulté d'analyser les solutions (difficultés qui sont loin d'être résolues de nos jours !). Navier en 1822 incorpore aux équations précédentes un terme modélisant les effets visqueux (travaux complétés par une étude de Stokes en 1845) et introduit ainsi les équations de Navier-Stokes. En 1872, Boltzmann (à la suite de travaux de Maxwell datant de 1866) propose un modèle pour des gaz raréfiés et montre comment, au moins formellement, on peut retrouver les équations d'Euler à partir de celui-ci. Cette asymptotique formelle est d'ailleurs étudiée par la suite par Hilbert.

Les applications de la résolution numérique de ces modèles abondent : aérodynamique (autour des avions, trains et voitures, ou fusées et navettes spatiales en atmosphère raréfiée), mouvement des fluides, etc. Depuis quelques décennies, de nouvelles applications ont vu le jour : météorologie, climatologie, écoulements sanguins, flots de polymères, modèles de transports, etc.

EDP NON LINÉAIRES

De manière générale (et donc imprécise), les EDP permettent de décrire l'évolution d'un grand nombre de « particules » (au sens d'objets élémentaires qui peuvent être des particules de fluides, des électrons ou des étoiles !) en interaction en terme de comportement collectif (ou moyen). C'est bien sûr comme cela que ces modèles ont été introduits en Physique ou en Mécanique, et c'est toujours le cas pour des sujets plus récents comme le traitement d'images (où les particules sont les pixels et l'interaction est à déterminer en fonction des objectifs), les modèles de transports (les particules sont alors les véhicules) ou la finance (les « particules » étant les agents qui interagissent par *trading*, ces mêmes agents — les *traders* — parlent d'ailleurs de produits liquides bien qu'il n'y ait aucune relation avec les modèles de mécanique des fluides !).

La non linéarité est omniprésente dans les modèles (rares sont les situations où l'addition de causes induit une simple addition des effets !). Elle a, par contre, des origines diverses : principes fondamentaux ou invariances (mécanique des fluides, traitement d'images par exemple), lois constitutives (mécanique des fluides, traitement d'images, finance par exemple), effets de moyennes (chimie quantique, équation de Boltzmann par exemple), etc.

La notion d'échelle est une notion centrale : les modèles ne sont valables qu'à une certaine échelle. Et un enjeu scientifique (et applicatif) fondamental est la compréhension des relations entre les échelles et les modèles associés, ce qui conduit aussi bien à la modélisation du couplage d'échelles que, du point de vue mathématique, à l'analyse de problèmes asymptotiques comme celui étudié par Hilbert pour les liens entre mécanique des fluides (équations d'Euler ou de Navier-Stokes) et équation de Boltzmann, problème qui est d'ailleurs également important pour des applications comme la simulation de fusées ou de navettes pour les altitudes de transition vers l'atmosphère raréfiée.

Enfin, on assiste à la montée en puissance de la modélisation de phénomènes couplés aussi bien du point de vue du couplage d'échelles (polymères, turbulence par exemple) que du point de vue du couplage de modèles physiques (voir la MHD, l'aéroacoustique, l'aéroélasticité, les interactions entre fluides et structures — écoulements sanguins, organes, valves artificielles… —, le couplage entre l'océan et l'atmosphère…). Ces modèles couplés présentent bien sûr de forts aspects multidisciplinaires et les mathématiques y jouent un rôle important pour les applications.

Analyse et applications

Lorsqu'on dispose de modèles, c'est-à-dire d'EDP en ce qui nous concerne, l'objectif est alors de les résoudre numériquement, c'est-à-dire d'écrire des codes (ou logiciels) dans lesquels ces équations sont discrétisées et les équations discrètes ainsi obtenues résolues par des algorithmes. Ces deux étapes relèvent bien sûr des mathématiques. Mais il convient d'insister sur un autre aspect du rôle des mathématiques d'une nature plus théorique : il est en effet toujours utile et parfois (souvent ?) important d'analyser les équations devant être résolues pour les « comprendre », valider les simulations (les résultats produits par les ordinateurs sont-ils fiables ?), vérifier certaines propriétés des modèles attendues (ou non) en fonction des réalités observées, analyser les couplages et les conditions aux limites.

Sur ce dernier thème, on peut d'ailleurs rappeler l'exemple d'Euler et des difficultés analytiques qu'il avait soulignées. En ce qui concerne le premier thème, l'exemple très simple qui suit montre qu'une réflexion mathématique est indispensable. Considérons l'équation (de propagation vers la « gauche » à vitesse constante égale à 1) :

$$(5) \qquad \frac{\partial u}{\partial t} = \frac{\partial u}{\partial x}$$

Connaissant la valeur u_0 de u à l'instant initial ($t = 0$), la solution u est donnée à tout instant t par $u_0(x + t)$. Choisissons alors $u_0(x) = 1$ si $x > 0$, $= 0$ sinon. Pour résoudre (5) numériquement, il faut alors discrétiser l'espace et le temps c'est-à-dire remplacer x par $j\Delta$ ($j \in \mathbb{Z}$), t par kh ($k \in \mathbb{N}$) où Δ et h sont des pas de discrétisation donnés, et enfin $u(x, t)$ par u_j^k (une « approximation » de $u(x, t)$ où $x = j\Delta$, $t = kh$). On remplace $\dfrac{\partial u}{\partial t}$ par le taux de variation $\dfrac{u_j^{k+1} - u_j^k}{h}$ et on peut, *a priori*, approcher $\dfrac{\partial u}{\partial x}$ par, au choix, $\dfrac{u_{j+1}^k - u_j^k}{\Delta}$, $\dfrac{u_{j+1}^k - u_{j-1}^k}{2\Delta}$ ou $\dfrac{u_j^k - u_{j-1}^k}{\Delta}$. Des calculs totalement élémentaires montrent que si $h = \Delta$, seul le premier choix permet de « retrouver » la solution exacte $u(x, t)$ alors que les deux autres choix se révèlent catastrophiques, et si $h < \Delta$, aucun choix ne permet de reproduire fidèlement la solution exacte. On comprend donc bien l'importance de maîtriser les aspects mathématiques de ces questions !

Cependant, les aspects non linéaires rendent l'analyse extrêmement difficile : la compréhension mathématique des équations d'Euler (incompressibles ou compressibles) en trois dimensions d'espace reste encore aujourd'hui très limitée. Et, un des prix Clay recensant des questions (7 au total) particulièrement difficiles (et importantes) pour les mathématiciens porte précisément sur l'analyse des solutions des équations de Navier-Stokes (incompressibles, en 3 dimensions). Les progrès mathématiques sont donc lents mais significatifs. Parmi les progrès et tendances récents dans ce domaine, signalons :

— Des notions de solutions pour des classes générales d'équations (comme, par exemple, la théorie des solutions de viscosité qui permet d'aborder aussi bien les équations de type chaleur, que celles intervenant en contrôle optimal, ou en traitement d'images, ou en finance…).

— L'étude d'ensembles de solutions (par opposition à une solution individuelle) qui permet d'aborder des questions aussi variées que l'existence, la stabilité, l'approximation numérique ou les problèmes asymptotiques.

— L'élaboration de nouveaux outils mathématiques qui utilisent des domaines très variés des mathématiques.

Prospective

Signalons brièvement quelques tendances de modélisation qui vont naturellement orienter les travaux mathématiques :

— Couplage de modèles.

— Couplage d'échelles.

— Prise en compte de phénomènes mal connus ou instables par des « termes » stochastiques (ou statistiques).

Le sujet abordé dans cet exposé a des conséquences importantes sur la formation des jeunes mathématiciens appliqués (et des ingénieurs) : une formation vraiment multidisciplinaire est indispensable. De plus, les mathématiciens familiers avec les aspects de modélisation, les aspects d'analyse théorique et les simulations (méthodes, algorithmes et informatique) sont réellement utiles pour les applications.

En guise de conclusion, indiquons que cet exposé a tenté d'illuster des mathématiques en prise directe avec la « réalité », qui pose des problèmes mathématiques fascinants (parmi les plus difficiles de ceux auxquels sont confrontés les mathématiciens).

Nécessité et pièges
des définitions mathématiques

par Jean-Pierre Kahane

Cet amphithéâtre est impressionnant pour moi par sa taille, et aussi par le fait que je ne vous connais pas. Il peut être utile que je me présente à vous. Je suis mathématicien, retraité ; mon domaine de compétence est l'analyse de Fourier, qui touche à l'analyse fonctionnelle, à la théorie des probabilités, et, plus ou moins, à toutes les branches des mathématiques. Comme beaucoup de mathématiciens, je suis intéressé par l'histoire des mathématiques et par leur enseignement. Ces préoccupations s'inscrivent bien dans une vision du passé et de l'avenir des sociétés humaines, oui les mathématiques me paraissent avoir un rôle important à la fois par leur permanence et par leur mouvement.

Je viens de nommer l'analyse de Fourier, l'analyse fonctionnelle, la théorie des probabilités. L'analyse de Fourier consiste à décomposer des fonctions en morceaux qu'on appelle les harmoniques, et à les reconstituer à partir de ces morceaux. L'analyse fonctionnelle consiste à traiter les fonctions comme des points dans des espaces qu'on appelle espaces fonctionnels. Les probabilités traitent de l'incertain pour aboutir à des certitudes.

Les définitions que je viens de donner n'ont d'autre utilité que d'amorcer notre entretien. Elles sont vagues et

Texte de la 174e conférence de l'Université de tous les savoirs donnée le 22 juin 2000.

inoffensives, elles ne sont nécessaires ni à la recherche ni à l'enseignement, et à ma connaissance elles ne renferment pas de pièges.

Or, si peu que je sache de vous, je crois savoir que vous êtes venus pour entendre parler de la nécessité et des pièges des définitions mathématiques. Je soupçonne que vous êtes plus curieux des pièges que de la nécessité, et aussi que vous avez peut-être des questions pièges à me poser tout à l'heure, auxquelles je ne saurai pas répondre. Mon but est aussi d'attirer l'attention sur les pièges. Je compte donc vous parler tout à l'heure des définitions mathématiques comme pièges, de vous montrer des embûches et des défis, et de vous donner des exemples de mauvaises définitions, de définitions trompeuses et de définitions impossibles. Bien sûr, nous verrons apparaître des questions de vocabulaire et de logique, et peut-être, à cette occasion, une réflexion sur la nature des concepts mathématiques.

Mais pour commencer, je dois insister sur la nécessité des définitions mathématiques, sur leur rôle essentiel dans la recherche et dans l'enseignement. Dans une théorie mathématique, les propositions s'enchaînent. Les propositions de départ sont les définitions et les axiomes, intimement mêlés. Ainsi, les définitions apparaissent au commencement de toute théorie. Je vais naturellement traiter de ce thème, les définitions comme commencement, mais je débuterai par l'aspect opposé, les définitions comme aboutissement d'un long processus de recherche.

Je vais donc vous parler des définitions comme aboutissement, puis des définitions comme commencement, puis des définitions comme pièges.

L'idée que la définition est un aboutissement ne vous est peut-être pas familière. Pour l'illustrer, je prendrai un exemple, mon exemple favori. Au niveau de la licence, on enseigne un théorème superbe, qui tient en trois mots : « L^2 est complet ». Voici la signification des termes. L^2 est l'espace constitué par les fonctions dont le carré est intégrable au sens de Lebesgue. On y définit des distances, des angles, toute une géométrie calquée sur la géométrie ordinaire de l'espace euclidien. Un espace est complet si on peut y manipuler les suites comme dans l'espace ordinaire : si les points d'une suite se rapprochent les uns des autres quand l'ordre des termes augmente, la suite tend vers une limite. Le fait que L^2 est complet est essentiel en mathématiques et en physique. Le triomphe de l'intégrale de Lebesgue sur les autres théories de l'intégrale, c'est principalement ce théorème, et plus généralement le fait que les espaces L^p constitués des fonctions dont la p-ième puissance de la valeur absolue est intégrable au sens de Lebesgue sont, pour $p \geq 1$, des espaces complets. On distingue ce théorème sous le nom de Frédéric Riesz, et il date de 1910.

Mais Frédéric Riesz ne l'a pas énoncé sous cette forme. À l'époque, il n'y a pas d'espace L^p ni d'espaces complets. Mais il y a un grand intérêt pour l'intégrale de Lebesgue et pour les séries de Fourier. En 1907, le Hongrois Frédéric Riesz et l'Autrichien Ernst Fischer s'affrontent à ce sujet, courtoisement mais fermement, dans les *Comptes rendus de l'Académie des sciences*. Tous deux établissent une propriété très remarquable des séries de Fourier, à savoir que les formules de Fourier (d'un côté, calcul des coefficients à partir de la fonction, et de l'autre, calcul de la fonction à partir des coefficients) font passer naturellement de l'espace L^2 à l'espace l^2 constitué par les suites de nombres dont les carrés forment une suite sommable. Plus tard, en 1949, Frédéric Riesz qualifiera ce théorème, auquel on donne les deux noms de Fischer et de Riesz, de « billet permanent aller-retour entre deux espaces à une infinité de dimensions ».

Le problème, sur lequel Riesz revient dans sa dernière note, est de caractériser les coefficients de Fourier des fonctions intégrables. On n'y parvient pas, mais on caractérise les coefficients de Fourier des fonctions de carré intégrable : c'est le « billet aller-retour » dont il parle en 1949, et que l'on appelle, selon les pays, théorème de Riesz-Fischer ou de Fischer-Riesz. La méthode de démonstration introduit l'espace que nous appelons L^2 et la propriété que nous appelons : être complet. C'est cette méthode que nous retenons maintenant comme théorème, et nous utilisons les concepts sous-jacents « L^p » et « complet » comme notions parfaitement définies. Ainsi le théorème tient en trois mots, mais les deux mots « L^2 » et « complet » sont l'aboutissement d'une longue démarche, un véritable élixir de pensée mathématique. La substance du problème, de la solution, de la méthode, est passée dans les définitions.

Je me suis attardé sur cet exemple mais le phénomène m'apparaît comme absolument général : les définitions pertinentes en mathématiques sont l'aboutissement d'une longue histoire et de beaux travaux. L'histoire, dans ce cas, remonte à Joseph Fourier et au-delà. Riesz et Fischer ont été inspirés par Lebesgue et par Hilbert, et leur géométrie des fonctions a rejoint la théorie des espaces abstraits, de Maurice Fréchet, qui date de 1906. Mais ce n'est qu'en 1932, avec Stefan Banach et sa théorie des opérations linéaires, que les espaces complets prennent leur nom et leur place en analyse, et Banach indique parmi les premiers exemples les espaces L^p, ainsi nommés en hommage à Lebesgue.

La définition des espaces L^p et celle des espaces métriques complets est sans doute l'apport le plus considérable de l'analyse de Fourier à l'analyse fonctionnelle. Mais l'interaction entre les deux domaines s'est poursuivie tout au long du siècle, et elle est ponctuée par une série de définitions : outre les espaces de Hilbert et les espaces de Banach, toute une série d'espaces fonctionnels — espaces de Sobolev, espaces de Besov, espace de Schwartz, algèbre de Wiener, algèbre de Beurling, des notions très générales comme la convolution, et des outils comme la décomposition de Littlewood-Paley, les atomes et les molécules qui ont occupé l'attention au cours des années 1970 et enfin les ondelettes. Je reviendrai sur la convolution et les ondelettes. Dans tous les cas que je viens d'énoncer, les définitions sont le résultat d'un long processus, elles signifient que des notions importantes, simples et puissantes, ont été extraites du magma de connaissances qu'apporte sans cesse le mouvement des mathématiques. Une fois extraites, elles vont structurer le magma, on pourra oublier qu'elles sont un aboutissement et les prendre pour point de départ.

Mais leur beauté et leur puissance viennent de ce qu'elles sont un élixir de pensée.

Il en est ainsi, je crois, des objets les plus classiques de la géométrie, les cercles et les sphères, comme des objets les plus généraux dégagés au cours du siècle : les groupes, les espaces métriques, les probabilités. Fréquemment le mot cristallise une notion. Ainsi le mouvement brownien, observé par un botaniste en 1830, étudié par des physiciens, élaboré par Einstein et Wiener, est devenu une entité mathématique bien définie ; quand des physiciens parlent aujourd'hui du mouvement brownien, ils se réfèrent au mouvement brownien défini en mathématique, et non plus en général au mouvement que l'on peut observer de particules en suspension dans un liquide. Ainsi, dans un tout autre domaine, logique et théorie des nombres, la définition des ensembles diophantiens, qui est simple et aurait pu être donnée depuis des siècles, n'est apparue qu'en 1950, pour permettre de traduire sous la forme d'une hypothèse très générale une foule de problèmes particuliers ; l'hypothèse a été démontrée, en 1970, par le russe Matiyassevitch, résolvant du même coup le dixième problème de Hilbert, et elle a valu à son auteur la médaille Fields ; aujourd'hui ces problèmes n'ont plus qu'un intérêt historique, mais les ensembles diophantiens demeurent comme objet d'étude important ; l'une des perles de la théorie est que l'ensemble des nombres premiers est diophantien, et plus précisément qu'il coïncide avec l'ensemble des valeurs prises par un certain polynôme à plusieurs variables lorsque l'on donne aux variables des valeurs entières.

Dans tous les traités de mathématiques, d'Euclide à Bourbaki et au-delà, on part des définitions. On réécrit donc l'histoire à l'envers. Cela n'est pas propre aux mathématiques : que ce soit en astronomie ou en biologie, l'exposé d'un sujet prend régulièrement pour point de départ ce qui est un aboutissement historique. On appelle cela la transposition didactique.

Le traité de Banach sur les opérations linéaires, dont j'ai déjà parlé, est un parfait exemple. Il définit tour à tour les espaces métriques (qu'il appelle « espaces D », D pour distance, ce sont les espaces où l'on définit les distances entre points), les suites de Cauchy (que, suivant Fischer, il appelle « suites convergentes »), les espaces métriques complets et la propriété de Baire (toute intersection dénombrable d'ouverts denses est dense — ce qui, maintenant, sert de définition aux espaces de Baire), les espaces de Banach qu'il appelle « espaces de type B », et, comme exemples, les espaces L^p. Comme on le voit, la terminologie s'est modifiée légèrement depuis lors, mais nous n'avons aucune peine à reconnaître nos espaces métriques, nos suites de Cauchy, nos espaces de Banach parce que les définitions sont parfaitement formalisées. Le fait que les espaces L^p sont des espaces de Banach est le théorème de Riesz que j'ai raconté. Très vite, les définitions prennent chair. Les contemporains pouvaient y reconnaître, merveilleusement agencées, des connaissances éparses élaborées par les analystes et les topologues dans le large domaine que les mathématiciens polonais de l'entre-deux-guerres appelaient théorie des ensembles. Pour nous, aujourd'hui, ces notions sont à la fois classiques et très actuelles. La propriété de Baire n'a cessé de produire des merveilles en analyse ; c'est l'un de nos outils conceptuels les plus puissants pour produire ou pour apprivoiser des monstres. La géométrie des espaces de Banach est un grand sujet d'étude, où les contributions françaises ont été marquantes. Les définitions données par Banach sont le point de départ non seulement de l'œuvre magistrale que constitue son livre, mais d'une grande partie de l'analyse fonctionnelle contemporaine.

J'ai évoqué Euclide, et je voudrais vous parler d'objets mathématiques familiers, le cercle et la sphère. Vous connaissez la définition du cercle selon Euclide, à partir du centre et du rayon. Elle correspond à une expérience familière, le tracé d'un cercle à l'aide d'un compas, ou d'un piquet et d'une corde. Elle est excellente comme point de départ de la géométrie du cercle, telle qu'Euclide l'expose. De fait, la géométrie plane d'Euclide est un mariage de la géométrie du triangle et de celle du cercle, et c'est par elle que la définition du cercle prend sa valeur. On pourrait définir le cercle d'autre façon. Par exemple, le cercle de diamètre AB est le lieu des points d'où l'on voit le segment AB sous un angle droit. Ou encore, le cercle est une courbe fermée de courbure constante — c'est ce qui permet à un aveugle de reconnaître qu'une assiette est circulaire en passant son doigt sur son bord. Ou encore, le cercle enferme la surface maxima pour un périmètre donné — c'est ce qui explique beaucoup de formes circulaires, comme celle de la ronde que forment des enfants en se tenant par la main. Dans toutes ces définitions, il n'est plus question de centre et de rayon et effectivement, dans la vie courante, nous n'avons pas besoin du centre pour reconnaître un cercle. La force de la définition d'Euclide, c'est d'abord que tout le monde peut la comprendre, et ensuite qu'elle permet, par des enchaînements plus ou moins laborieux, de retrouver ces définitions possibles, et bien d'autres, comme propriétés caractéristiques du cercle. Les propriétés angulaires se trouvent déjà chez Euclide, mais il a fallu attendre Newton pour la courbure, et la fin du XIXᵉ siècle pour la propriété isopérimétrique.

Le cercle est un objet inépuisable, et il a pris de nouveaux visages au cours du XXᵉ siècle. Au départ, c'est un objet de la géométrie euclidienne, la géométrie dont les invariants sont les distances et les angles. Mais les mathématiques progressent, comme les êtres vivants, par perte de structure. En perdant comme invariants les distances et les angles mais en conservant les rapports de distances entre points lignés, on obtient la géométrie affine, et le cercle est le paradigme de l'ellipse. En ne gardant que des rapports de rapports, des birapports, on obtient la géométrie projective, et le cercle est alors le modèle de la conique. En conservant seulement la structure topologique du plan, le cercle apparaît comme l'archétype de la courbe fermée plane la plus générale, la courbe de Jordan. On peut aussi oublier que le cercle est une figure plane, et le considérer comme un objet topologique sur lequel opèrent des rotations. Dans la littérature contemporaine, lorsque l'on parle du cercle, c'est ordinairement de cet objet topologique qu'il est question. L'étude des systèmes dynamiques, où les Français se sont particulièrement distingués, d'Henri Poincaré à Jean-Christophe Yoccoz, débute avec la considération de transformations du cercle en lui-même que l'on itère, et de l'allure des orbites d'un point, c'est-à-dire des images successives de ce point au cours des transformations itérées. Tous les phénomènes périodiques peuvent se représenter sur le cercle, et les séries de Fourier peuvent être considérées comme une étude approfondie du cercle considéré comme groupe topologique. Quand il y a plusieurs périodes, le cercle doit être remplacé par un tore, de sorte que, bizarrement, en analyse de Fourier, le cercle apparaît comme un tore à une dimension, et on le désigne non par $\mathbb{C}$, qui est la lettre réservée au corps des nombres complexes, mais par $\mathbb{T}$. On peut passer sa vie — c'est mon cas — à regarder ce qui se passe sur le cercle $\mathbb{T}$.

Il en est à peu près de même pour la sphère. Il est légitime, comme le fait Euclide, de la définir au moyen du centre et du rayon ; c'est là le bon point de départ. Mais cela ne correspond plus à une expérience familière. Pour les Grecs du temps de Platon, l'expérience familière est celle des balles à douze pièces multicolores qu'évoque Socrate dans *Phédon* et qui sont pour lui comme une représentation de la Terre vue du ciel. Platon explique d'ailleurs dans *Timée* que c'est bien là le dodécaèdre régulier, le laissé-pour-compte des polyèdres réguliers qui représentent les quatre éléments, qui a servi au Dieu pour façonner l'univers. La sphère, pour Platon, est la figure la plus parfaite et la plus semblable à elle-même. « La figure la plus semblable à elle-même » n'est pas une bonne définition mathématique, mais c'est une vision très riche de la sphère, que la théorie doit tenter de retrouver à partir de la définition ; d'abord parmi les figures bornées dans l'espace, son groupe d'isométries, ou encore le groupe des déplacements qui la laisse invariante, est le plus grand possible ; ensuite, chaque petit morceau permet d'en retrouver la totalité. Ainsi, pour apprécier vraiment la définition de la sphère par le centre et le rayon, il faut au moins aller jusqu'à la formule de Girard liant l'aire, les angles et la courbure d'un triangle sphérique. La formule de Girard, convenablement interprétée, vaut d'ailleurs sur n'importe quelle surface courbe, et elle peut servir à définir la courbure intrinsèque. La sphère, elle aussi, est inépuisable.

Dans sa première leçon à l'École normale de l'an III, qui fut aussi brillante qu'éphémère, Gaspard Monge commence par définir les objets usuels de la géométrie, en particulier les cercles et les sphères. À la fin du cours, les élèves peuvent interpeller le professeur, et des sténographes notent la discussion, ce qui nous permet d'en profiter. L'élève Joseph Fourier s'adresse à Monge. Il est satisfait de la définition de la sphère, mais non de celle du cercle, qui devrait nécessiter, selon lui, celle du plan. Il propose alors sa définition du plan, comme ensemble des points équidistants de deux points donnés ; puis celle de la droite, comme ensemble des points équidistants de trois points donnés ; puis celle du cercle, comme ensemble des points situés à une distance donnée de deux points donnés. Monge lui répond : « Citoyen, la clarté avec laquelle tu viens d'exposer tes réflexions... [est] une preuve de la sagacité de ton esprit. La définition que tu viens de donner de la ligne droite est rigoureuse... Permets-moi cependant de te faire à cet égard quelques observations. » Et Monge lui dit alors qu'il faut une certaine habitude de la géométrie, et de la ligne droite, pour comprendre sa définition, et que cela n'a pas sa place au début d'un cours. À un siècle de distance, Henri Poincaré fait écho à Monge quand il écrit dans la revue l'*Enseignement mathématique* en 1904 : « Une bonne définition, c'est celle qui est comprise par les élèves. »

Il serait d'ailleurs intéressant de replacer dans leur temps les définitions proposées par Fourier. Bonaparte allait rapporter d'Italie la théorie des constructions faites sans la règle, avec le compas seul — c'est à ce titre qu'il allait appartenir à la première classe de l'Institut, celle des sciences. Fonder la géométrie sur la notion de distance et elle seule était, à cette époque, une tentative sans lendemain. Mais, reprise par Maurice Fréchet en 1906 dans le cadre des « espaces abstraits », c'est le fondement des espaces métriques. Ce que nous appelons aujourd'hui les boules dans les espaces métriques s'appelait autrefois les sphères : ce sont les ensembles de points situés à une distance d'un point (le cercle) inférieure à un nombre donné (le rayon). Fourier ne pouvait pas soupçonner le rôle que les boules dans les espaces métriques allaient jouer dans l'analyse de Fourier.

Il convient également de réfléchir à la formule de Poincaré : « Une bonne définition, c'est celle qui est comprise par les élèves. » C'est un objectif plus qu'une réalité. Plus la définition est générale et puissante, moins elle est directement assimilable. Groupes, espaces métriques, compacité, complétude, espaces vectoriels se définissent en quelques lignes, parfois en quelques mots. Mais ces définitions ne prennent sens que lorsque l'on avance assez dans la théorie pour voir au moins une partie des résultats qui, historiquement, avaient amené à élaborer ces notions. Ainsi les définitions doivent être admises, apprises, avant de pouvoir être véritablement comprises. Pour qu'elles soient admises et apprises, il faut les commenter et les justifier par des exemples et des contre-exemples. Pour qu'elles soient de mieux en mieux comprises, il faut développer les théories dont elles ne sont que le commencement.

Le premier piège des définitions concerne celles qui sont les plus achevées, les plus parfaites. C'est de croire facile à acquérir ce qui est simple à énoncer. Il me paraît lié à une certaine vision des mathématiques selon laquelle les objets mathématiques et leurs définitions préexistent à l'homme dans un monde idéal, comme des pommes à cueillir dans l'arbre de la connaissance. Une fois la pomme découverte et cueillie, pourquoi ne pas la consommer tout de suite ? Ainsi de la structure de groupe, si simple, si belle, si puissante, que l'on pouvait s'étonner de l'avoir découverte si tard, et qu'il fallait de se hâter de l'introduire à la base de l'enseignement mathématique. C'était l'époque des réformateurs des années 1960, et elle s'est traduite par un échec. Si au contraire on considère les définitions les plus simples comme l'aboutissement d'un long processus de distillations successives, comme un élixir de pensée, on doit traiter chacune comme une forte eau-de-vie, à sentir et à goûter, à consommer lentement avec, si possible, un peu d'aliment solide à côté, à digérer et à assimiler en prenant son temps.

Le second piège est de faire trop confiance aux définitions. Or il y a des définitions malvenues, inutiles ou même nuisibles. Je m'en tiendrai à un exemple, la définition des séries. Depuis un demi-siècle, à la suite de Bourbaki, les ouvrages d'enseignement et les dictionnaires donnent des séries la définition suivante : on appelle série un couple de deux suites (u_n) et (s_n), liées par la relation $s_n = u_1 + u_2 + ... + u_n$; la suite (u_n) est celle des termes, la suite (s_n) celle des sommes partielles ; on dit que la série converge et qu'elle a pour somme s lorsque la suite (s_n) converge et qu'elle a s pour limite. Cette définition sonne bien, mais elle est mauvaise. Dans le couple, la seconde suite n'apporte rien, elle est complètement déterminée par la première. La définition ne se justifie que par un jeu de mots : la série converge lorsque la seconde suite converge. Sous ce seul rapport, elle est malvenue. Mais il y a pire : elle ancre d'idée que la seule chose qui importe pour une série c'est qu'elle converge ou qu'elle diverge. Or ce qu'il y a de vivant dans les séries est ailleurs : les séries multiples, pour lesquelles il n'y a aucune notion évidente de somme partielle, les procédés de sommation qui permettent de donner une somme à des séries divergentes, les séries qui convergent rapidement ou lentement, les séries qu'on ordonne selon la taille des termes, les séries asymptotiques qui sont partout divergentes et qui permettent pourtant des calculs numériques d'une grande précision. Quand Fourier puis Cauchy ont précisé ce qu'il fallait entendre par série convergente, c'était un progrès conceptuel majeur. Mais penser qu'il s'agit là de l'essence de la notion de série, c'est en ignorer complètement la richesse. Euler et Bernoulli, au XVIIIe siècle, maniaient avec dextérité des séries divergentes. Fourier, ensuite, a utilisé ses séries trigonométriques pour calculer des températures au moyen, comme il le dit, de séries « extrêmement convergentes ». Les séries de fonctions, et particulièrement les séries trigonométriques, imposent d'introduire divers procédés de sommation. Se limiter à la convergence et à la divergence, c'est châtrer la notion.

Alors, qu'est-ce qu'une série ? Pour moi, c'est une somme infinie à laquelle on s'efforce de donner un sens. Le sens peut être purement formel : sur les écritures de sommes infinies on peut faire des additions, des multiplications et bien d'autres opérations. Il y a toute une algèbre des séries formelles qui ne nécessite aucunement de donner une valeur à la somme d'une série. Cependant, le plus souvent, une série est une somme infinie à laquelle on tente de donner une valeur. Cette valeur peut être définie sans ambiguïté si les termes sont positifs ou s'ils forment une famille sommable. Sinon, tout dépendra du procédé de sommation. Dans tous les cas, le monde de calcul mérite attention. Dans tout ce que je viens de dire, il y a matière à plusieurs définitions mathématiques (séries formelles, procédés de sommation, familles sommables), mais je ne donne pas de définition mathématique de la série.

J'ajoute un mot sur les séries de Fourier. Pour Fourier, comme je l'ai dit, elles étaient d'abord un outil dans sa théorie analytique de la chaleur. Mais il en a vu la portée générale, et il en a fait un objet d'étude qui a donné lieu depuis deux siècles à des travaux difficiles et importants. Les sommes partielles des séries de Fourier ne sont pas des objets faciles à manipuler d'un point de vue général. On sait, depuis plus d'un siècle (du Bois-Reymond, 1873) que la série de Fourier d'une fonction continue peut diverger en un point, et depuis 1926 (Kolmogorov) que la série de Fourier d'une fonction intégrable au sens de Lebesgue (c'est-à-dire une fonction de la classe L^1) peut diverger partout. Ce n'est que depuis 1968 (Carleson puis Hunt) que nous savons que les séries de Fourier des fonctions des classes L^p, $p > 1$, convergent presque partout. Pour les fonctions de la classe L^1, la vitesse de divergence est encore un mystère, mais un grand progrès a été réalisé en 1999 par le mathématicien russe Koryagin. Il s'agit là de remarquables travaux d'orfèvrerie.

Cependant il y a une question plus naturelle que la convergence des sommes partielles au point de vue du calcul numérique : c'est la convergence des sommes que l'on obtient en négligeant les termes les plus petits, disons, les termes de valeur absolue plus petite qu'un ε donné, quand ε tend vers zéro. La question s'est posée dans le cadre d'espaces fonctionnels, tels que L^1 ou les L^p, au début des années 1960, et j'y ai apporté les premières contributions. Elle se pose aujourd'hui, et elle a donné lieu à de beaux travaux, en ce qui concerne le comportement presque partout. Je me borne à indiquer très grossièrement les résultats : ils sont négatifs, c'est-à-dire que l'on a généralement divergence, dans le cas des séries trigonométriques, c'est-à-dire des séries de Fourier proprement dites, et positifs, c'est-à-dire que l'on a convergence, aussi bien dans les espaces fonctionnels usuels que presque partout, dans le cas des séries d'ondelettes.

Ainsi les séries de Fourier sont-elles historiquement responsables du meilleur et du pire. Le meilleur, c'est l'élaboration de la notion de convergence, les travaux magnifiques sur la convergence et la divergence, les procédés de sommation, l'introduction des espaces fonctionnels dont j'ai parlé à l'occasion du théorème de Riesz-Fischer, la théorie des séries orthogonales dont l'avatar contemporain le plus important est la théorie des ondelettes. Le pire, c'est la fixation sur la convergence, en fossilisant l'apport de Fourier et Cauchy. Et cette fixation aboutit à la définition inconvenante, que j'ai donnée tout à l'heure, de la série.

En fait, la notion de série est trop riche pour se prêter à une définition mathématique. C'est une sorte de champ mathématique à l'intérieur duquel des parcelles peuvent être clairement délimitées par des définitions mathématiques précises et pertinentes, mais qu'il ne convient pas de délimiter lui-même de cette façon. Naturellement, la mauvaise définition n'a jamais empêché les mathématiciens de travailler sur les séries comme il convenait. Le piège, il est pour ceux qui enseignent et qui apprennent les mathématiques.

La situation est voisine pour l'intégrale. Dans les programmes de lycée en vigueur l'an dernier, on définissait l'intégrale d'une fonction sur un intervalle comme la différence des valeurs de sa primitive aux extrémités de l'intervalle. On prenait donc comme définition la formule $\int_a^b f(x)dx = F(b) - F(a)$ que l'on appelle, dans d'autres présentations, le théorème fondamental du calcul intégral. On partait donc de l'intégration comme opération inverse de la dérivation, on partait de l'équation différentielle $y' = f(x)$ dont l'intégrale, au sens des équations différentielles, s'appelle la primitive de f. Cette définition n'est pas absurde : elle inscrit l'intégrale dans le cadre de la théorie des équations différentielles, elle se prête d'emblée au calcul formel, issu de Laplace et Lionville, auquel les ordinateurs donnent une nouvelle jeunesse, et elle correspond à une expérience courante, celle des compteurs kilométriques des voitures qui mesurent des distances en intégrant des vitesses. Partir des équations différentielles et introduire de cette façon les fonctions usuelles comme le logarithme et l'exponentielle, et même les fonctions trigonométriques, et traiter l'intégrale comme un aspect du calcul formel est donc un choix possible.

Le piège, c'est qu'il entraîne vers les aspects les plus formels du calcul intégral, vers les exercices de calcul, au détriment de la compréhension de ce qu'est l'intégrale. Alors, qu'est-ce que l'intégrale ? C'est une question qui a intéressé les mathématiciens au cours du XIXᵉ siècle, en relation encore une fois avec l'analyse de Fourier, pour donner un sens à l'intégrale qui figure dans les formules donnant les coefficients de Fourier. Cauchy s'y est attaqué, puis Riemann, et l'intégrale de Riemann est apparue pendant quelques dizaines d'années comme l'essence même de la notion. Puis Lebesgue a proposé sa définition, dont nous avons vu les avantages sous la forme du théorème de Riesz-Fischer. Le XXᵉ siècle a connu une explosion des théories de l'intégration, avec Denjoy et le calcul des primitives, Daniell et les intégrales fonctionnelles, Wiener et la théorie du mouvement brownien, Kolmogorov avec ses espaces de probabilités, Schwartz avec ses distributions, Itô avec ses intégrales stochastiques, Feynman avec ses intégrales de chemins, dont Pierre Cartier et Cécile de Witt ont donné récemment une vraie définition mathématique. Qu'est-ce qu'il y a de commun à toutes ces intégrales ? C'est ce que Youri Menin appelle le point de vue du physicien : l'intégrale, c'est la quantité de quelque chose dans un domaine. Ce n'est pas une définition mathématique, mais c'est la vision qui permet de saisir la portée de la notion ; par exemple, l'intégrale peut représenter une aire, un volume, un flux, une énergie, etc. Cela a une conséquence pédagogique : dans les programmes des lycées, lorsqu'on aborde l'intégrale, il vaut mieux partir du calcul des aires que du calcul des primitives. C'est l'introduction naturelle aux méthodes d'intégration approchée et à l'aspect numérique de l'intégration.

Le piège, en tout cas, serait de croire qu'il existe une et une seule définition correcte de l'intégrale. Il faut aller loin en analyse, en géométrie, en probabilités, pour que les divers aspects de l'intégrale se rejoignent. C'est un champ encore bien plus vaste et plus riche que celui des séries. Il faut prendre la définition comme une porte d'entrée et non comme une délimitation du champ.

Ce que je viens de dire des séries et des intégrales vaut pour un grand nombre de sujets. Je vais me borner comme exemples aux convolutions, aux ondelettes et aux fractales.

Le terme convolution est apparu au cours de ce demi-siècle, mais la notion était bien connue des physiciens : l'action d'un appareil sur un signal est une convolution, et la recherche du signal à partir de l'observation est la déconvolution. Cela s'écrit $A * X = B$: A est la fonction d'appareil, X le signal inconnu, $*$ le symbole de la convolution, B ce que l'on observe. La théorie de la convolution est multiforme : on la trouve en analyse de Fourier avec Norbert Wiener, en théorie des distributions avec Laurent Schwartz, et à chaque pas en analyse numérique et en probabilités. Mais je ne connais aucune définition mathématique qui couvre tous les cas.

Yves Meyer* a parlé ici même des ondelettes, et il n'en a donné une définition, avec réticence, qu'en réponse à une question. C'est que le champ occupé par les ondelettes dépasse maintenant de beaucoup toutes les définitions possibles. La situation a considérablement évolué depuis septembre 1985 et la première conférence qu'il a donnée sur le sujet, au Collège de France. Yves Meyer venait de trouver une étrange fonction, qui partageait beaucoup de propriétés avec la fonction en escalier de Haar qui vaut 1 entre 0 et 1/2, – 1 entre 1/2 et 1, et 0 ailleurs, mais qui était très régulière : il l'avait définie, elle était déjà tabulée et utilisée, c'était l'ondelette de Meyer, elle apparaissait déjà comme aussi légitime et immuable que les sinus et les cosinus. Or, dans les années qui ont suivi, les ondelettes ont poussé comme des champignons, avec des ondelettes de diverses régularités et diverses formes, adaptées à différents usages. L'essentiel est qu'il y a des systèmes orthogonaux d'ondelettes analogues au système de Haar, et des séries d'ondelettes analogues aux séries de Haar. Mais cela même est une délimitation trop étroite. Yves Meyer a évité le piège en donnant une vue du champ mathématique des ondelettes de l'extérieur, par l'histoire et les applications.

La situation est encore plus évidente pour les fractales. Lorsque son premier livre est apparu, il y a plus de vingt ans, sous le titre *Les Objets fractals*, on avait cru piéger Benoît Mandelbrot en le sommant de donner une définition des fractales. Il n'avait pas réussi à donner de bonne définition, et il n'y en pas. Les fractales sont les objets de la géométrie fractale comme les figures sont les objets de la géométrie. On peut en donner une vision par des exemples et des commentaires, mais il serait imprudent de délimiter le champ de manière précise. Par contre, à l'intérieur du champ, on peut donner des définitions précises.

C'est ainsi que certains objets, parfaitement définis, sont devenus très populaires. L'escalier du diable n'est pas

---

* Voir le texte de la 170e conférence de l'Université de tous les savoirs donnée le 18 juin 2000 par Yves Meyer précédemment dans ce volume.

autre chose que ce que Salem et moi appelions la fonction de Lebesgue construite sur l'ensemble triadique de Cantor. Il n'y a pas de doute que la nouvelle terminologie est plus parlante que l'ancienne.

Je vais conclure en évoquant le choix des termes. En mathématiques, nous héritons non seulement de théories et de méthodes, mais de toute une terminologie que nous devons accepter. Il n'est pas question, dans un souci de cohérence, de remplacer triangle et quadrilatère par trigone et tétragone, pour s'aligner sur polygone. Il y a une certaine incohérence du langage, et elle n'a pas que des inconvénients.

Les mots ont des colorations diverses, qui contribuent à faire le paysage mathématique. Ils sont plus ou moins adaptés aux notions, plus ou moins évocateurs. « Convolution » n'est pas mauvais, « ondelette » est bon, « fractale » très bon, « l'escalier du diable » excellent. Bourbaki et Benoît Mandelbrot attestent, de manière différente, que les mathématiques contemporaines ont le souci du vocabulaire et de la langue mathématique.

Il y a, dans le choix des termes, des modes et des tendances. Par exemple, le XIXe siècle est le siècle des mots grecs, réservés aux initiés : holomorphie, monodromie, homographie, homologie, homomorphisme, homéomorphisme, homotopie, anallagmatique, etc. Ce sont des termes assez repoussants, et qui n'ont de valeur que par leur définition et l'usage que l'on en fait.

Au début du XXe siècle apparaissent des notions nouvelles et parfois révolutionnaires, et le vocabulaire semble traduire la volonté de ne pas effaroucher les anciens. C'est une explosion de « presque » et de « quasi » : le « presque partout » de Lebesgue, la « quasi-analyticité » d'Hadamard et de Borel, les fonctions « quasi-périodiques » de Bohl et Esclangon, les fonctions « presque-périodiques » d'Harold Bohr, etc.

Bourbaki est un modèle de langue, sobre et claire. Comme créateur de vocabulaire, tantôt il donne un sens mathématique précis à des mots français du langage courant, comme voisinages, filtres, compact, tantôt il forge des néologismes simples à partir du latin : injectif, surjectif, bijectif.

Le vocabulaire contemporain, au contraire de celui du début du siècle, semble accuser la rupture avec le passé — même lorsqu'il en hérite directement. Ce sont les relations d'incertitude, les fonctions non différentielles, l'analyse non linéaire, l'aléatoire, les catastrophes, le chaos. Curieusement, toutes ces notions ont des définitions mathématiques précises, mais elles entraînent l'imagination du public non prévenu vers des abîmes sans fond. Inutile d'insister sur la résonance entre ce vocabulaire et le désarroi social de notre fin de siècle.

Le début de cette conférence a dû vous donner l'impression que les mathématiques se développaient selon leur logique propre, en créant des notions quand elles étaient mûres, en les développant indéfiniment lorsqu'elles étaient pertinentes. La seule relation à la société que j'y évoquais était la communication et l'enseignement. Le dernier piège que je veux évoquer, c'est de croire les mathématiques détachées de la réalité sociale. Le simple examen de leur vocabulaire montre que ce n'est pas le cas. Et d'ailleurs, toutes les conférences de ce cycle sur les mathématiques, et toutes les manifestations qui ponctuent en France et dans le monde l'année mathématique 2000, montrent que les mathématiques sont enracinées et omniprésentes dans la réalité sociale, et qu'il est temps, selon l'un des mots d'ordre de l'année 2000, de les « faire sortir de leur invisibilité ».

Mathématiques et économie

---

par Ivar Ekeland

Les économistes n'ont pas bonne presse en France, alors que les mathématiciens sont entourés d'un respect quasi universel. C'est que les premiers ont le malheur de faire profession d'un sujet où chacun s'estime avoir des compétences, tandis que les seconds se présentent comme des conquérants de l'inutile, et bénéficient de toute la sympathie qui entoure champions d'échecs ou navigateurs solitaires, bref tous ceux qui engagent leur vie dans des exploits inaccessibles au commun des mortels, mais universellement reconnus comme fort difficiles. Je n'en veux pour preuve que cette pétition dont la presse s'est fait largement l'écho, où certains étudiants de science économique se plaignaient de la manière, à leurs yeux trop théorique, dont leurs professeurs tentaient de leur enseigner l'économie : imagine-t-on les étudiants de mathématiques se plaindre que les mathématiques qu'on leur enseigne sont trop coupées des réalités, et en appeler au grand public de l'incompétence des universitaires ?

Mais enfin, ce n'est pas mon problème, puisque je suis mathématicien, et c'est de bon cœur qu'ici j'entonne le *Suave mari magno*. C'est donc d'un cœur léger que je vous entretiendrai ce soir des rapports qu'entretiennent les

---

Texte de la 175e conférence de l'Université de tous les savoirs donnée le 23 juin 2000.

mathématiques et l'économie. Il me semble que la raison profonde de ce qu'il faut bien appeler l'incompréhension française des immenses progrès qu'ont accompli les sciences économiques, et tout spécialement ces trente dernières années, tient au fait que les gens, et parmi les plus cultivés, ne comprennent pas ce qu'est un modèle. Par ce mot j'entends une représentation mathématique de la réalité, et je vais passer toute la première moitié de cette conférence à expliquer cette notion : qu'est-ce qu'un modèle, et comment l'utiliser ?

Rien de mieux que de commencer par un exemple. Prenons deux phrases que nous avons beaucoup entendues ces dernières années. Ce sont :

— « Les immigrés prennent le travail des Français ».

— « Le passage aux 35 heures va créer des emplois ».

Voilà certes des assertions qui ne relèvent pas uniquement du débat académique : ce n'est pas du sexe des anges qu'il est ici question. On pourrait même classer les Français suivant le fait qu'ils approuvent ou non ces propositions, et je suis prêt à parier qu'il s'en trouvera peu pour être d'accord avec les deux à la fois. Pour la majorité d'entre eux, la conviction se fondera sans doute davantage sur des arguments politiques que sur une réflexion personnelle, mais cela n'interdit pas (surtout à un scientifique) de se poser la question : est-ce que c'est vrai ? Comment nous faire une opinion personnelle et ne pas nous contenter du « prêt-à-penser » diffusé par notre parti politique favori ? Qu'y a-t-il dans la tête de ceux qui professent l'opinion contraire ? Indépendamment du fait que ces propos se retrouvent dans la bouche de personnages politiques qui peuvent nous répugner, ont-ils une valeur objective ?

Ces deux assertions parlent finalement d'une seule et même chose : le travail. Qu'est-ce que le travail ? Ce n'est pas un objet simple, comme le triangle ou le cercle ; suivant la définition que l'on en propose, et le point de vue d'où l'on se place, on obtiendra des réponses très différentes, et je vais ici en donner trois exemples, ce qui revient à présenter de ce même objet, le travail, trois modèles différents.

Modèle 1 : Le travail est un gâteau à partager

Chez la majorité des gens qui n'ont pas de culture économique prévaut l'idée que la quantité de travail disponible à un instant donné est un donné inextensible : c'est le nombre d'emplois existants. Il y a une demande totale de travail, correspondant aux besoins de l'économie ; l'offre ne peut pas la dépasser, sauf à employer les gens à creuser des trous dans le sol et à les reboucher, ce qui n'est qu'une forme déguisée de subvention.

Si l'on adopte ce point de vue, si le travail est un gâteau à partager, les réponses à nos questions sont claires. S'il y a trop de convives, il n'y en aura pas pour tout le monde : tout travail pris par un immigré est un travail de moins pour un Français. Inversement, si chacun accepte de se contenter d'une part plus petite, on peut faire plus de parts : il est donc vrai que le passage aux 35 heures crée des emplois. On peut même quantifier tout cela par une équation exprimant que le gâteau est la somme de ses parts, quelle que soit la manière dont on le découpe.

Modèle 2 : Le travail est un facteur de production

Il n'est pas interdit d'avoir une vision plus complète de ce qu'est le travail, et de se rappeler que c'est aussi un facteur de production. Le propre de l'économie, c'est de produire, et non simplement de consommer ce qui existe, et pour produire il faut du travail, sous une forme ou sous une autre. En d'autres termes, l'économie est un moteur et le travail est son carburant. Chacun sait piloter une voiture : pour avoir de la puissance il faut accélérer, c'est-à-dire injecter davantage de carburant dans le moteur ; inversement, si on lève le pied sans précaution, le moteur risque de caler. Cela donne une première idée de ce que peut être une politique économique.

Gâteau si l'on veut, mais la taille du gâteau dépend du nombre de convives. Un immigré supplémentaire, c'est une goutte de carburant de plus dans le moteur, qui tournera donc plus vite, et sera donc capable de tirer une charge plus lourde. Il est fort possible que la production supplémentaire ainsi dégagée permette non seulement de faire vivre l'immigré et sa famille, mais aussi de donner davantage à ceux qui ont déjà : l'immigration serait donc bénéfique pour tous, Français et immigrés. Inversement, passer de 39 à 35 heures peut entraîner, dans un premier temps, une chute de production proportionnellement beaucoup plus importante que 4/39. Même si les chômeurs sont là pour prendre le relais, et ramener dans un deuxième temps la quantité de travail au niveau initial, il y aura une phase de transition difficile à gérer.

On voit que l'on tombe maintenant sur des problèmes d'une autre nature que dans l'exemple précédent. Le fonctionnement de l'économie est influencé de manière complexe par la quantité de travail injectée dans celle-ci. On représentera cette situation par des équations du type Offre = Demande, qui expriment que l'économie tourne à la vitesse exacte qui permet aux consommateurs (et donc, en définitive, aux travailleurs) d'absorber toute la production. L'effet d'une politique d'immigration ou de réduction du temps de travail dépendra beaucoup de l'équilibre auquel on aboutit.

Modèle 3 : *Le travail est un produit*

Dans ce dernier modèle, le travail est considéré, non plus comme une donnée indifférenciée, mais comme un produit que l'on peut fabriquer, en quantité et qualité variables suivant les besoins. Les différents acteurs de l'économie gèrent leur offre de travail au fil du temps. L'individu choisit son niveau d'éducation générale et sa formation professionnelle de manière à optimiser son offre de travail pendant ses années d'activité, il choisit également son plan d'épargne pour préparer sa retraite. Les entreprises choisissent leurs investissements en tenant compte de l'état prévisible du marché du travail et du niveau de formation des individus : les industries textiles ne s'implantent pas dans les mêmes régions que les compagnies financières. La société choisit le niveau des investissements publics, notamment dans l'éducation, et le système de redistribution des revenus.

L'offre de travail à un instant donné est donc le résultat d'une multitude de décisions prises, à tous les niveaux de l'économie, dans les années antérieures, quelquefois très longtemps auparavant : que je prenne aujourd'hui la décision d'entreprendre des études de médecine, ou que Renault décide de construire une nouvelle usine au Brésil, l'impact de ces décisions ne se fera sentir que dans bien des années. De même, l'immigré d'aujourd'hui aura des enfants qui seront mieux éduqués que lui, et qui interviendront à un autre endroit du marché du travail. Et le passage aux 35 heures peut inciter les entreprises à rechercher des gains de productivité en améliorant les machines existantes plutôt qu'en embauchant du nouveau personnel. Bref, les questions posées n'ont plus de réponse simple et évidente : trop de facteurs rentrent en ligne de compte. D'où le rôle de la modélisation, c'est-à-dire de la définition précise de ceux-ci et de la résolution des équations qui les lient.

Quelle leçon tirer de ces trois exemples ?

Tout d'abord, l'intérêt de la modélisation mathématique. Elle permet d'afficher les hypothèses qui fondent le raisonnement, et qui restent trop souvent implicites dans un développement plus littéraire. Ceux qui pensent que les immigrés prennent le travail des Français pensent bien souvent que la demande de travail est fixée, mais ils ne le disent pas. Elle permet aussi de vérifier la cohérence logique des conclusions présentées avec les hypothèses faites :

si vous croyez vraiment que la demande de travail est fixée, alors vous devez croire à la fois que les immigrés prennent le travail des Français, et que le passage aux 35 heures va créer des emplois. Elle permet enfin de dominer la complexité : dans les deux derniers modèles, où les interactions seraient très difficiles à exprimer verbalement, l'écriture des équations permet une grande économie de pensée, et leur résolution, si tant est qu'elle est possible, donne une réponse à la question posée.

Ensuite, l'idée qu'il n'y a pas de super-modèle, de modèle tellement précis et exact qu'il engloberait tous les autres et collerait exactement aux choses. On voit bien que le troisième modèle est meilleur que le premier, mais il n'est pas lui-même parfait. Tout modèle est nécessairement partiel et imparfait, ce qui ne veut pas dire que tous les modèles se valent : le travail du scientifique, physicien ou économiste, consiste à trouver le modèle le mieux adapté à une situation donnée. Pour prendre un exemple que je cite souvent, la Terre n'est pas ronde pour tout le monde. Pour le randonneur, qui utilise la carte au 25/1 000 de l'IGN, la Terre est plate : il ne va pas partir avec un globe terrestre dans un sac à dos ! Pour le pilote qui fait Paris-New York, la Terre est ronde : c'est ce qui détermine la route qu'on lui fait suivre, et qui n'est la plus courte que si l'on se place sur une sphère. Pour l'astronome qui détermine la position de la Lune ou d'un autre satellite artificiel, la Terre n'est pas ronde, mais aplatie aux pôles et bosselée, et chacune de ces irrégularités influe sur la trajectoire qu'il calcule.

Ces leçons sont exactement celles que le physicien a mises en pratique depuis la révolution galiléenne. Mais les modèles mathématiques utilisés en économie sont différents de ceux qui jusqu'à présent étaient utilisés en physique. Certes, la théorie économique construit la société à partir de l'individu, comme la théorie physique construit le solide à partir de l'atome, c'est-à-dire que l'une et l'autre se proposent d'expliquer les phénomènes collectifs par le comportement individuel. Cependant les êtres humains diffèrent des objets physiques par des côtés essentiels dont la modélisation mathématique devra rendre compte, et dont nous ne listons ici que quelques-uns :

— *L'intentionnalité*. L'être humain agit consciemment, ce qui veut dire qu'il agit en fonction d'un but à atteindre. Pour bien comprendre ce que cela veut dire, il suffit d'imaginer que le feu se déclare dans cette salle. Alors l'air chaud et la fumée s'échapperont par les portes que je vois en haut de l'amphithéâtre et vous aussi vous sortirez, mais pour d'autres raisons. Les comportements collectifs qui en résultent seront très différents : les molécules d'air ne paniquent pas.

— *Le comportement stratégique*. Je sais que tu es comme moi, et je vais m'en servir pour prévoir ce que tu vas faire. C'est en utilisant ce précepte que l'on peut jouer aux échecs : je me mets à la place de mon adversaire pour prévoir sa réponse au coup que je me propose de jouer. Dans nombre de situations plus complexes, et plus réalistes, il ne faut pas manquer d'intégrer les réactions de ses adversaires (ou de ses partenaires) à sa propre décision, tout en se rappelant que ceux-ci font de même.

— *L'asymétrie d'information*. Pour reprendre une citation célèbre de John Donne, que Hemingway fait figurer en épigraphe de *Pour qui sonne le glas*, chaque être humain est une île : les îles communiquent par des signaux, mais ne se déplacent pas. En d'autres termes, vous pouvez écouter ce que je dis, vous pouvez voir ce que je fais, vous pouvez lire ce que j'écris, mais vous ne saurez jamais ce que je pense. Chacun peut mentir sur ses intentions et ses possibilités, et peu de gens s'en privent.

Tous ces points se prêtent à la modélisation. Il en est résulté un progrès certain des mathématiques, qui ont bénéficié de l'apport de concepts nouveaux, dont le plus célèbre est sans doute celui d'équilibre, dû à John Nash, mathématicien d'exception dont une récente bibliographie retrace la triste histoire. Dans le cadre de cet exposé, nous ne nous aventurerons pas sur cette piste, et nous soulèverons plutôt une autre question, tout aussi importante et controversée, celle de la vérification expérimentale.

Dans quelle mesure peut-on dire qu'un modèle est vrai ? La question a été longuement étudiée, et pour ma part je me range volontiers sous la bannière du Cercle de Vienne, et plus précisément de Karl Popper, suivant lequel une théorie scientifique ne saurait être vraie qu'à titre provisoire, dans l'attente d'une réfutation que l'on s'ingéniera à susciter en multipliant les expériences destinées à en vérifier les conséquences de plus en plus lointaines. Plus précisément, une théorie physique ne saurait être qualifiée de scientifique si elle n'a pas de conséquence testable, c'est-à-dire si le développement mathématique du modèle qu'elle propose ne conduit pas à des prédictions que l'on puisse confronter à la réalité. On ne sait pas assez que le même critère de scientificité s'applique à l'économie. Construire un modèle n'est rien ; tout le monde peut en faire, et les conversations de cafés comme les tribunes de journaux sont faites de modèles qui ne valent pas plus que le temps perdu à les écouter ou à les lire. Ce qui est difficile, c'est de les corroborer, c'est-à-dire d'en déduire le plus possible de conséquences logiques mais imprévues, et d'aller voir sur le terrain si elles sont vérifiées.

C'est le rôle de l'économétrie que de faire ce genre de travail, et l'attribution du dernier prix Nobel d'économie à deux économètres souligne l'importance qu'il faut y attacher dans la science économique moderne.

Je voudrais, sans trop m'étendre, donner un exemple de ce genre de vérification, tiré d'un travail récent de Chiappori et Levitt. L'une des branches de la science économique, la théorie des jeux, étudie le comportement de deux individus parfaitement rationnels en situation de conflit. Il est traditionnel, quand on expose le sujet, d'invoquer l'exemple du penalty au football. Le gardien se propulse à gauche ou à droite au moment même où le tireur frappe la balle, et celle-ci va beaucoup trop vite pour qu'il puisse attendre de voir de quel côté elle va. Il doit donc décider *a priori* de quel côté sauter, de même que le tireur décide *a priori* de quel côté frapper, et on est alors ramené à une situation classique en théorie des jeux. La gauche et la droite ne jouent pas le même rôle, suivant que le tireur est droitier ou gaucher, et nous parlerons donc d'un côté naturel, qui est le côté gauche si le tireur est droitier. L'analyse théorique nous conduit d'abord à des conséquences qualitatives, la plus importante étant que ni le gardien ni le tireur ne peuvent se permettre une quelconque régularité, qui les rendrait vulnérables aux prévisions de l'adversaire : le gardien qui sauterait toujours du côté naturel, ou celui qui alternerait de manière rigoureuse l'un et l'autre, seraient vite repérés. D'un point de vue mathématique, cette nécessaire imprévisibilité est modélisée par l'aléatoire, et nous dirons donc que le tireur saute du côté naturel avec une fréquence p, et que le gardien saute du côté naturel avec une probabilité q. Tout cela reste qualitatif, et on peut certes arriver aux mêmes conclusions sans faire de mathématiques, mais vient maintenant le côté quantitatif :

Quel rapport entre les nombres p et q ? Sont-ils égaux, $p = q$? Sinon, quel est le plus grand ? L'intuition reste muette, mais l'analyse théorique fournit une réponse : $p < q$, p est plus petit que q. Reste à savoir si cette réponse est correcte ; si elle l'est, la théorie des jeux est corroborée. Si elle ne l'est pas, elle est invalidée. On a donc visionné tous les penalties tirés en championnat de première division, en France (1997-1999) et en Italie (1997-2000), au nombre de 459, et l'inégalité s'est trouvée vérifiée, ainsi d'ailleurs que quelques autres critères que je n'ai pas indiqués ici.

On reproche souvent à la théorie économique d'être irréaliste, en ce qu'elle suppose les individus rationnels et calculateurs. Outre le fait que cette hypothèse est certainement vraie au niveau des institutions, elle n'a pas besoin d'être vraie au niveau des individus pour que la théorie soit vraie. La rationalité peut s'introduire par d'autres biais, l'apprentissage ou le darwinisme. Voyez par exemple ce qui se passe ici. Certes, il ne s'agit pas ici de vie et de mort, ni du destin d'un pays, mais les enjeux économiques n'en sont pas moins considérables pour les personnes concernées : la dernière Coupe de France a été gagnée sur penalty, et cela représente pour les vainqueurs (les perdants), en termes de notoriété et de participation aux coupes européennes, un gain (une perte) qui se chiffre en dizaines de millions de francs. Tireurs et gardiens sont des professionnels, ils s'entraînent en permanence, ils visionnent les adversaires : on peut être certain qu'au moment du penalty, ils ont vraiment réfléchi à ce qu'ils devaient faire, et ils font exactement ce que prédit la théorie ! Pourquoi ? Ni Barthez ni Zidane ne connaissent la théorie des jeux, et ils seraient certainement peu convaincus par le formalisme mathématique. Pourquoi donc se comportent-ils comme le ferait un individu rationnel et calculateur ? Il y a plusieurs réponses possibles, toutes intéressantes. La première, c'est qu'ils parviennent aux mêmes conclusions par un raisonnement non formalisé : l'être humain est rationnel, agit de manière réfléchie, et la théorie des jeux est donc performante parce qu'elle modélise ce type de comportement. La deuxième, c'est que l'expérience leur a appris, au fil des ans, que c'est justement cela qu'il fallait faire ; dans ce cas, ce n'est plus le comportement individuel que modélise la théorie des jeux, mais le résultat final de l'apprentissage, et c'est au niveau du résultat que se situe la rationalité. La troisième, c'est que les joueurs ne réfléchissent pas et n'apprennent rien, ils ne font qu'exprimer des qualités innées et des comportements inscrits dans leurs gènes : si Barthez est un bon gardien, c'est parce qu'instinctivement il fait ce qu'il faut faire. La rationalité est alors darwinienne : c'est parce qu'il était comme cela que ses résultats ont été meilleurs que ceux de ses concurrents, et qu'il est arrivé au sommet de la carrière.

J'aurais voulu terminer cet exposé en parlant d'ingénierie économique et sociale, et en montrant la place grandissante que prennent dans notre vie quotidienne des institutions qui sont le fruit de la théorie économique. La place me manque, et je m'en tiendrai donc là, en vous remerciant pour votre attention.

Les nombres et l'écriture

par Jim Ritter

Mon histoire personnelle avec la question dont je voudrais aborder ici quelques aspects — celle des mathématiques et de l'écriture — remonte à près de trente ans : étudiant en mathématiques et physique théorique à Londres, j'avais accepté d'enregistrer des textes de mathématiques pour un collègue presque aveugle. À ma grande surprise, et pour la première fois de ma vie, je constatai à quel point il est difficile de lire à haute voix un texte de mathématiques. Voici, par exemple, un extrait d'une démonstration mathématique qui se trouve dans un livre de l'époque *(Fig. 1)*.

Les éditeurs du livre, confrontés à cette incongruité, ont pris le parti de la traiter typographiquement comme une illustration pleine page, sans titre courant. Pourtant, il s'agit bien d'une partie intégrante de texte, qui est nécessaire au déroulement de l'argumentation !

Quant à moi, je redécouvrai à cette occasion, pour mon propre compte, deux choses banales : la première est que lire et écrire ne sont pas des activités réciproques, mais radicalement distinctes ; la seconde, c'est qu'un texte mathématique

Texte de la 176ᵉ conférence de l'Université de tous les savoirs donnée le 24 juin 2000.

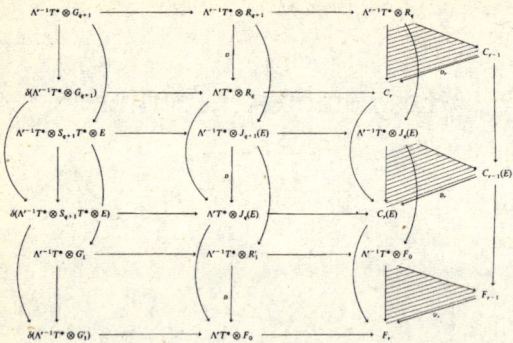

Figure 1 – Une partie de la démonstration de Théorème 5.3
dans Pommaret 1978, p. 185.
[© OPA N.V. with permission from Gordon and Breach Publishers].

diffère d'un texte romanesque*. Plus précisément, l'écriture n'a pas une structure langagière intrinsèque, un aspect
crucial dès qu'on s'intéresse aux aspects cognitifs.

Écriture et mathématiques, en particulier écriture et
nombres, entretiennent en revanche des liens extrêmement
étroits. Un exemple maintenant élémentaire, mais dont le
développement a été long et compliqué, historiquement et
culturellement, est celui des fractions. La notation pour
une fraction générale

$$\frac{p}{q}$$

désignait au début une opération de division qu'on n'effectue pas (dans certains cas, parce qu'on ne peut pas l'effectuer
sous les conditions admises pour l'écriture des nombres, par
exemple parce que l'écriture du quotient doit être finie)**.

---

* La littérature a bien sûr joué dans certains cas des possibilités
graphiques de l'écriture. Des exemples variés, de différentes époques,
se trouvent par exemple dans le catalogue de l'exposition *Poésure et
peintrie*, Musées de Marseille, 1993.
** L'histoire de cette évolution est tracée dans Benoît *et al.*, 1992.

Une telle écriture, remarquons-le, transgresse clairement la linéarité, comme c'est souvent le cas en mathématiques. Elle isole dans l'espace de la page cette opération comme un nouvel objet, qu'on va pouvoir alors traiter en soi, en l'incluant à son tour dans des opérations, en le traitant lui-même comme nombre.

Un autre aspect de l'importance de l'écriture en mathématiques est l'unification que l'écriture peut apporter entre des phénomènes, des objets, des domaines, traités jusqu'alors comme distincts. Un cas classique est celui de l'algèbre symbolique. Le symbole désigne d'abord le nombre inconnu cherché. Mais il offre ensuite la possibilité de dénoter de la même façon des grandeurs discrètes (relevant du domaine de l'arithmétique) et des grandeurs continues (relevant du domaine de la géométrie). Les conséquences sont multiples, et dans plusieurs directions : de nouvelles questions surgissent (peut-on fonder une théorie arithmétique des grandeurs algébriques générales, y développer des notions comme celle de nombres premiers ? Cela s'avérera une question cruciale pour le développement des mathématiques dans une perspective structurale au XIXe siècle) ; de nouvelles représentations et donc de nouvelles intuitions des objets mathématiques sont disponibles.

À l'inverse, comparons par exemple ces deux (autres) écritures de $\sqrt{7}$, le développement décimal et le développement en fraction continue :

$$\sqrt{7} = 2,64575131106459059050161575363926042571 0259\ldots$$

$$\sqrt{7} = 2 + \cfrac{1}{1 + \cfrac{1}{1 + \cfrac{1}{1 + \cfrac{1}{4 + \cfrac{1}{1 + \cfrac{1}{1 + \cfrac{1}{1 + \cfrac{1}{4 + \ldots}}}}}}}}$$

La différence entre l'irrégularité de la suite des chiffres qui interviennent dans le développement décimal et la régularité de la seconde forme d'écriture saute aux yeux. L'alternance rigide de 1 et de 4 nous permet dans ce cas de prédire à toute étape la suite de l'expression et incite en retour à s'interroger sur les caractéristiques des nombres qui ont un tel développement périodique.

Chaque forme de représentation suggère une différente propriété à explorer. Différents modes d'écriture favorisent différents développements de ce qui au départ était un unique objet, l'associent à différents domaines, lui posent différents types de questions. L'écriture unifie ou au contraire discrimine, et ce faisant, peut contribuer à créer de nouvelles dynamiques pour les mathématiques. Elle est à la fois une pratique d'action et une pratique de représentation.

Je voudrais dans ce qui suit mettre en évidence l'articulation de ces différents aspects dans une situation particulière, qu'on peut suivre au long terme, sur près de mille ans. Ce que je vais décrire est à la pointe de la recherche, car nous n'avons commencé à le comprendre que depuis une vingtaine d'années, grâce à un travail de collaboration internationale et interdisciplinaire, qui d'ailleurs a nécessité de puissantes ressources de scannérisation et d'informatique.

Il semble approprié que le terme de ce développement à long terme soit l'an 2000, à peu près. Au risque pourtant de désappointer mes lecteurs, je dois avouer que le 2000 en question est comme on dit en maths « au signe près » : il s'agit de – 2000, 2000 avant J.-C. Je voudrais en effet reconstruire l'imbrication étroite de la naissance de l'écriture en Mésopotamie et d'un objet tellement fondamental des mathématiques que des mathématiciens l'ont dit naturel ou donné par Dieu, le nombre entier « impliqué dans des opérations arithmétiques ». Si le résultat du processus que je vais décrire peut paraître élémentaire, l'étude de ce processus met en fait en évidence des phénomènes généraux et importants.

Je voudrais aussi prendre au mot l'idée d'une « université » de tous les savoirs en essayant de communiquer, non seulement les conclusions de ces recherches, mais la démarche même qui les anime, de donner une idée des problèmes de l'assyriologue, de l'historien ou de l'historienne des sciences, aux prises avec les textes parcellaires, tronqués, dont nous disposons. Une certaine patience est donc requise des lecteurs, mais plus encore leur curiosité pour les messages du quotidien que nous ont légués des personnes d'il y a quatre mille ans.

Naissance de l'écriture et nombre : 3200-2100

LES DÉBUTS DE L'ÉCRITURE

Dans ses premières étapes, l'écriture n'est pas une transcription de la langue parlée : elle apparaît comme un aide-mémoire, servant à garder trace de nombres et d'objets utilisés dans des transactions commerciales.

Les débuts sont maintenant bien connus* : des bulles d'argile creuses contenant des jetons représentant des biens ont été progressivement aplaties alors que les marques des jetons enfoncés sur la surface se substituaient peu à peu aux jetons eux-mêmes, préfigurant ainsi les premières traces d'une écriture. Mais mon histoire, qui n'est pas encore aussi bien connue, commence après celle-ci, lorsque les bulles ont déjà été remplacées par des tablettes (plates) d'argile et les marques de jetons par des traces faites avec des calames de roseau : c'est alors qu'une analyse systématique et complète des systèmes métrologiques employés s'est révélée possible, permettant de suivre en détail l'entrecroisement du développement du nombre et de l'écriture. On assiste alors à une revanche de mille ans de l'écriture sur les maths : si l'écriture apparaît d'abord comme outil au service de la quantification, certains de ses développements propres ont d'importantes conséquences techniques et conceptuelles sur les mathématiques.

C'est en Mésopotamie, d'abord dans le grand centre urbain qu'était l'ancienne ville d'Uruk vers − 3100, puis à

---

* Voir Nissen et al. 1994.

Djemdet Nasr et enfin dans la ville d'Ur qu'on trouve les premiers écrits. À Uruk comme ailleurs cette écriture sert à un but : l'enregistrement de la production et de la répartition des biens, la comptabilité. À peu près 85 % des 3 900 tablettes trouvées à Uruk sont des textes de comptabilité, les 15 % restants sont des listes de signes, groupés par thème (noms de professions, villes, plantes, etc), et utilisées dans l'enseignement.

Parmi les textes publiés d'Uruk se trouvent quelques 50 tablettes et fragments qui constituent une archive de troupeaux de moutons *(Fig. 2)* : voici un exemple typique avec la face (côté devant) à droite et le revers (côté derrière) à gauche.

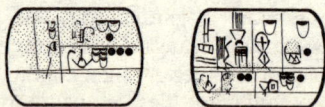

Figure 2 – Tablette de troupeau de moutons W 20274.3
de la ville d'Uruk (vers – 3000). (D'après Green 1980 : p. 22).

On notera qu'il y a deux sortes de signes inscrits, de facture très différente. Une variété est simple, elle consiste en l'impression d'un calame coupé droit et enfoncé dans l'argile, laissant comme marque soit un cercle, soit une encoche, et cela en deux tailles différentes. J'appellerai ces signes numériques car dans le compte ils servent à quantifier l'information. L'autre type de signe est plus complexe, souvent pictographique, comprenant des courbes et des droites. Ces signes non numériques sont tracés avec un calame taillé en pointe et servent à identifier la nature de l'objet ou du bien quantifié.

Grâce à la relative homogénéité de cette archive, il est facile de déterminer la structure des tablettes. Quatre cases sur la face portent chacune le nom d'une catégorie de moutons différenciée par âge et par sexe, couplé avec une quantité (#) : deux cases sur le revers donnent les totaux de moutons adultes et d'agneaux des deux sexes.

Revers				Face			
produit laitier	moutons #			*information administrative*		# béliers	# brebis
	(agneaux) d'un an #			un an	# agneaux	# agnelles	

Le fait que les tablettes contiennent les totaux des entrées nous permet d'établir des relations entre les signes numériques. Ces signes sont organisés additivement, c'est-à-dire qu'on répète autant de fois que nécessaire le signe jusqu'à un certain nombre maximal de répétitions, après quoi on inscrit un autre signe, qui correspond donc à un ordre de grandeur supérieur. Ainsi l'une des tablettes de l'archive nous montre les entrées et le total suivants *(Fig. 3)* :

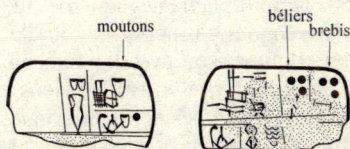

Figure 3 – Tablette de troupeau de moutons W 20274.74.
de la ville d'Uruk (vers – 3000). [D'après Green 1980 : p. 21].

Il est clair que dans ce système numérique, utilisé pour compter des moutons, 6 • vaut 1 ▽. Il est possible d'agir ainsi sur un grand nombre de tablettes d'Uruk qui sont des comptes d'animaux. Le même système métrologique est utilisé dans tous les cas et les assyriologues lui ont donné le sigle **S** ; il fonctionne selon le schéma suivant :

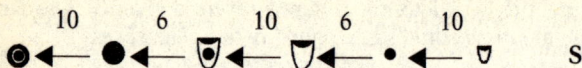

Les unités sont rangées par ordre décroissant, le nombre surmontant chaque flèche indique combien l'unité à gauche de la flèche contient d'unités inférieures (à droite de la flèche) : par exemple, 10 ▽ font un •.

De semblables analyses d'autres textes permettent de découvrir les systèmes métrologiques associés aux mesures de longueur, aux mesures de surfaces, aux capacités de grains. Le premier, celui des longueurs, se révèle être identique au système **S**. Mais, et c'est un point fondamental, d'« autres » systèmes sont utilisés pour d'autres biens*. Les aires, par exemple, se mesurent dans un tout autre système, nommé système **G** :

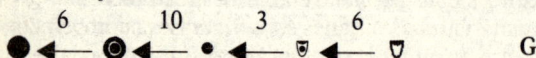

Les mesures de capacité de grains utilisent un troisième système de mesures, dit **ŠE** :

Et la liste n'est pas close !

En dépit de la multiplicité des systèmes métrologiques, le répertoire des signes numériques est d'une petitesse surprenante en comparaison avec les signes non numériques (plus de 800) qui représentent les biens et les objets. Comme je l'ai dit, si les signes non numériques sont dessinés avec un calame pointu, les signes numériques eux sont imprimés dans l'argile fraîche avec l'aide de deux calames (de taille différente), coupés droit. Chacun d'eux fournit

---

* Pour mettre en évidence de manière fiable ces différents systèmes, il est nécessaire de disposer de longues séries de textes de poids et mesures. Avant leur étude systématique, qui n'a commencé qu'à la fin des années 1980, on ignorait l'existence de ces multiples systèmes. Beaucoup de reconstitutions faisaient au contraire l'hypothèse d'un système unique de poids et mesures en vigueur. Comme nous le verrons, ceci a des conséquences importantes pour comprendre l'évolution de la notion de nombre.

seulement deux marques différentes : un cercle (extrémité ronde du calame) et une encoche (extrémité enfoncée en biais). Ce qui donne un total de quatre signes, ou plutôt sept car certaines combinaisons sont permises.

Pourtant, bien que ces mêmes signes apparaissent dans tous les systèmes métrologiques, leurs valeurs, tant absolues que relatives, varient selon le système, comme on le voit d'ailleurs sur les diagrammes. Le petit cercle représente une valeur 10 fois supérieure à celle de l'encoche si l'on compte des longueurs, mais 6 fois seulement si l'on mesure des grains de blé. Le grand cercle représente une unité plus grande que la combinaison du grand et du petit si l'on mesure des surfaces de champ, et le contraire si l'on compte des brebis.

Bref, à cette période, « on ne dispose pas de nombre écrit » en tant que tel, avec une valeur intrinsèque ; ce qui existe sont des notations écrites pour des nombres d'unités, dont la valeur et le rapport dépendent fortement des biens concernés.

PÉRIODE DYNASTIQUE ARCHAÏQUE

Pendant la période suivante (de – 2800 à – 2350), l'écriture se répand dans toutes les cités-états de la Mésopotamie. Son développement est marqué par deux caractéristiques essentielles pour ce qui suit. D'abord, on découvre la possibilité d'utiliser ce nouvel outil non seulement pour l'information comptable mais aussi pour enregistrer les sons de la langue parlée. C'est à partir de ce moment qu'apparaissent des inscriptions historiographiques, des textes religieux, des lettres, dans lesquels des signes sont utilisés pour leur valeur phonétique, reconstituant par écrit une langue (en l'occurence, le sumérien) ; en suivant cette piste, nous pouvons arriver à la littérature, mais de cette (autre) histoire, je ne parlerai pas.

La deuxième évolution est le changement dans la forme des signes, leur « cunéiformisation ». La difficulté physique pour tracer des courbes continues dans l'argile, le temps nécessaire, provoquent ce premier changement dans l'écriture archaïque. La modification ne touche dans

un premier temps que les signes non numériques, puisque
les signes numériques sont formés, comme nous l'avons vu,
de manière toute différente. Plutôt que de tirer un calame
pointu continûment sur la tablette, les scribes commencent à se contenter d'indiquer les contours d'un picto-
gramme par une suite d'incisions, à l'aide d'une nouvelle
sorte de calame à section triangulaire : la production des
signes se fait par la répétition d'un seul geste, mais avec
des orientations variées. Progressivement, les orientations
du trait se réduisent, jusqu'à ce qu'il n'en subsiste que quatre ou cinq bien déterminées. Les signes perdent ainsi leur
caractère pictographique d'origine pour devenir ce que les
assyriologues ont nommé des signes cunéiformes (de la
forme d'un clou). Cette cunéiformisation des signes non
numériques *(Fig. 4)* est essentiellement complète vers –
2600, et elle s'accompagne d'une réorientation spatiale des
signes privilégiant les axes horizontaux ou verticaux.

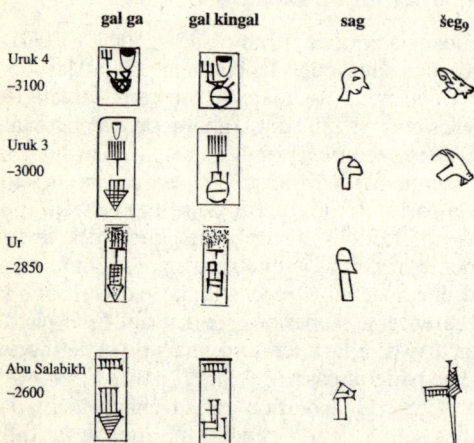

*Figure 4 – Cunéiformisation des 5 signes non numériques
pendant la période de – 3200 à – 2600.*

Mais les signes numériques n'échappent pas totalement à cette cunéiformisation. Parmi les exercices scolaires trouvés dans la ville de Shuruppak et datant de – 2600, il en existe deux dans lesquels une paire d'apprentis-scribes traitent le même problème mathématique. La question est posée dans la partie supérieure (respectivement la face) de la tablette et la réponse de l'élève dans la partie inférieure (respectivement le revers) — les signes numériques utilisés dans la réponse sont évidemment ceux du système **S** *(Fig. 5)*.

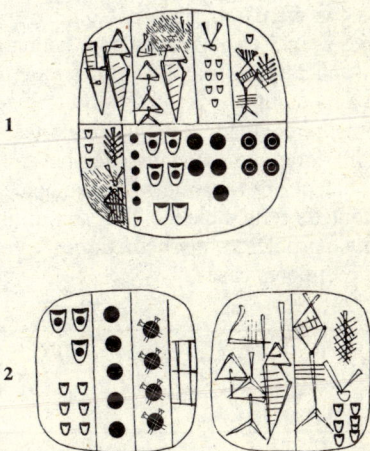

1 grenier (**guru₇**) d'orge. 1 homme reçoit 7 **sìla**.
(Combien sont) les hommes [resp. ouvriers]
(nécessaires pour vider le grenier) ?
164 571 et 3 **sìla** restent. [resp. 164 160]
Figure 5 – Exercices scolaires TSŠ 50 and TSŠ 671
trouvés à Fara, l'ancienne Šuruppak (vers – 2600).
[D'après Jestin 1937, pl. 21 (1) et 142 (2)].

Nous pouvons alors faire deux remarques. La phonétisation des signes non numériques a rendu possible d'écrire explicitement le nom des unités ; nous voyons ici

apparaître le **sìla**, une mesure de capacité qui vaut environ
1 litre. L'information métrologique est donc partagée entre
deux groupes de signes, l'un gérant le pur quantitatif,
toujours dans le contexte spécifique d'un système métrologique particulier, l'autre (partiellement redondant) dési-
gnant explicitement ce système. Cela ouvrira à terme, nous
allons le voir, la possibilité de détacher le premier groupe
de son contexte métrologique.

La deuxième chose remarquable est la substitution du
signe ◉ par ✹ dans le deuxième texte, le cercle extérieur
de l'ancien signe étant remplacé par quatre traits croisés
« cunéiformes », incisés avec le calame triangulaire. C'est
la partielle application à un signe numérique de la cunéiformisation déjà complète des signes non numériques.

Le même phénomène est visible dans la première
table mathématique que nous possédons et qui remonte à
la même époque que ces exercices. L'arrangement ordonné
et systématique de cette table facilitait son utilisation dans
la résolution de problèmes mathématiques*. Voici une traduction des premières cases :

ᗐ ᗐ ᗐ ᗐ ᗐ ᗐ ᗐ ᗐ	ᗐ ᗐ ᗐ ᗐ ᗐ ᗐ ᗐ ᗐ ᗐ	**nindan** longueur
ᗐ ᗐ ᗐ ᗐ carré ᗐ ᗐ ᗐ ᗐ	ᗐ ᗐ ᗐ ᗐ ᗐ carré ᗐ ᗐ ᗐ ᗐ	[carré]
● ● ● ● ● ● ● ●	● ● ✹ ✹ ✹ ✹ ● ●	[... *cassée*]

---

* Sur l'utilisation des tables, et plus généralement, la forme des textes
mathématiques dont nous disposons pour la Mésopotamie, voir par
exemple Ritter 1989.

La différence entre un système de numération uniforme comme celui que nous possédons de nos jours et le stade que je suis en train de décrire est particulièrement visible au niveau de cette table de multiplication. Il n'existe bien sûr pas en Mésopotamie à cette date de tables de multiplication « par un nombre » (comme nous avons « la table de multiplication par 3 » ou « par 7 »), le seul produit de quantités ou de biens qui fait sens dans un contexte métrologique comme le nôtre est celui de deux longueurs qui produit une aire : c'est bien les seules tables dont nous disposons. Celle-ci offre une suite décroissante de longueurs et de largeurs de champs carrés (en unités du système **S**) et des aires correspondantes, écrites directement dans les mesures de surface (c'est-à-dire en unités du système **G**). Dans les cases de surface, on voit le signe cunéiformisé que nous avons déjà rencontré dans les exercices. Autrement dit, la cunéiformisation des signes non numériques, qui s'explique parce qu'ils étaient difficiles à tracer, s'étend aux signes numériques, alors que ceux-ci ne posaient pas de difficultés particulières sauf la nécessité de changer de calame pour les tracer. Ce changement matériel, graphique, dans la rationalisation du geste d'écriture, a, comme nous allons le voir, des conséquences importantes pour le domaine numérique.

PÉRIODE D'AKKAD

Le premier empire mésopotamien, celui dit d'Akkad (– 2350 à – 2200), unifie diverses cités sous un même gouvernement et modifie l'administration, qui doit faire face à une tâche accrue ; parmi les réformes instituées, plusieurs concernent la rationalisation du système d'écriture et des systèmes de poids et mesures — c'est un cas fréquent, comme en témoigne l'adoption du système métrique à la Révolution française. Les deux réformes principales d'Akkad sont la cunéiformisation complète des signes numériques et la rotation des signes par 90° dans la majorité des systèmes de mesures.

Ces deux développements peuvent être illustrés sur un exercice mathématique de cette période. Une petite tablette présente le problème et la solution qui suivent *(Fig. 6)* :

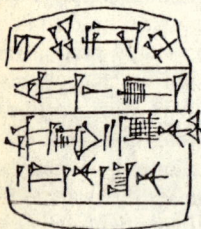

2 ⌐ 4 ⟨ est la longueur (du champ).

(Quelle est) la largeur (telle que) 1 ⌐ est la surface ?

Sa largeur : 3 ⌐ kùš-numun 1 ⌐GIŠ.BAD   1 ⌐ zipa/

Figure 6 – Exercice scolaire PUL 29 :
calcul des dimensions d'un champ (vers – 2300).
[Limet 1937 : pl. 9].

Comme on le voit ici, la rotation des signes est différentielle selon les systèmes ; les signes des mesures de longueur, tirées du système **S** (lignes 1 et 3), résistent à la rotation par 90° et restent verticaux, contrairement aux signes numériques du système **G** (ligne 2). La cunéiformisation, en revanche, est générale : tous les signes du répertoire — numériques comme non numériques — s'écrivent maintenant avec un seul calame ; l'encoche ⌐ est devenue un trait vertical ⌐, le cercle ● une marque du « coin » de calame ⟨.

Mais le gain dans la vitesse avec laquelle le scribe peut désormais écrire un texte résulte en une confusion graphique accrue entre des signes qui étaient autrefois tout à fait distincts. Les effets de la rotation par 90° vont d'ailleurs dans le même sens : la réorientation impose une hauteur limitée pour tout signe, interdisant les différences de taille autrefois marqueurs de distinctions dans les systèmes métrologiques. La grande encoche ne peut plus être plus grande que la petite, et l'on constate que cette limitation s'est imposée aussi pour les systèmes qui n'ont pas été réorientés.

Des efforts sont donc faits pour déjouer l'ambiguïté imposée par la cunéiformisation et la rotation, et rétablir ainsi les distinctions essentielles pour déterminer la signification des marques numériques. Par exemple, ici, l'ancienne différence de « taille » entre les deux encoches du système **S** qui marquaient deux ordres d'unité distincts est remplacée par une différence d'« épaisseur » dans le trait vertical de taille fixe qui représente maintenant les deux à lui seul. En prenant en compte d'autres textes de l'époque d'Akkad, on arrive au schéma de cunéiformisation suivant :

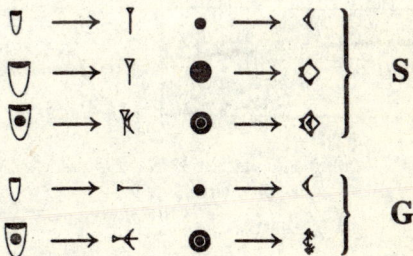

PÉRIODE D'UR III

C'est sur les décombres de l'empire d'Akkad est bâti un nouvel empire, dit d'Ur III. L'augmentation des échanges administratifs écrits accroît encore les exigences d'efficacité des techniques d'enregistrement. Cette course de vitesse de l'écriture aboutit, vers la fin du IIIe millénaire et dans certains contextes, à l'abandon de la distinction entre les deux sortes de traits verticaux dans le système **S** ; le trait vertical épais, dernière trace d'une impression non standard, y est délaissé en faveur du trait simple.

Mais les scribes mésopotamiens vont transformer cette ambiguïté en un avantage pour le calcul, qui nous apparaît rétrospectivement spectaculaire. Qu'il se produise à cette époque nous est connu grâce à un document, un seul parmi la dixaine de milliers de textes de l'époque publiés jusqu'à ici. Il s'agit d'un texte apparemment anodin de comptabilité de livraison de métaux *(Fig. 7)*. Voici les cinq premières lignes de ce document :

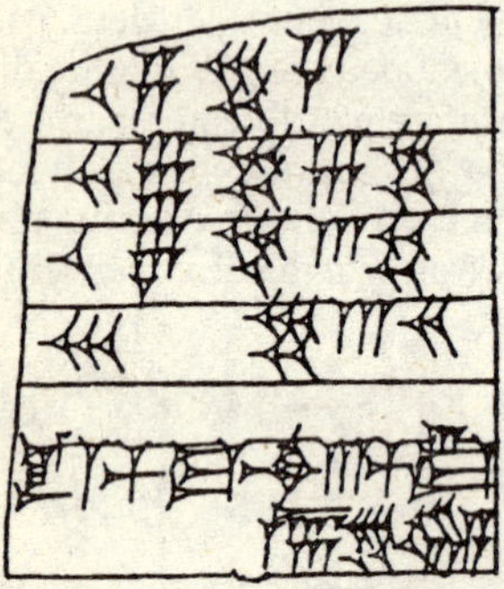

Total : $\frac{1}{2}$ **mana** $3\frac{1}{2}$**gín**
moins 7 še d'argent

*Figure 7 – Compte de métaux YOS 4 293 (vers – 2100) :
les premières 5 lignes
[D'après Keiser 1919 : pl. 78].*

Les quatre lignes du début représentent en fait une addition effectuée par le scribe — et laissée sur la tablette pour des raisons inconnues — dont le résultat apparaît dans la cinquième ligne (en unités de poids ordinaires). Nous voyons une suite alternée de signes correspondant aux cunéiformisations des anciennes petites encoches et des anciens petits cercles du système **S** (puisque verticaux). Il ne peut s'agir de l'écriture d'un nombre telle que nous l'avons vue jusqu'à présent. En effet, dans le cadre de la cunéiformisation, le grand cercle, nous l'avons vu, a été remplacé par un signe cunéiforme tout à fait différent de celui qui remplace le petit cercle. Ici, au contraire, à la gauche des signes-encoches, on voit toujours les mêmes signes (ex-petits-cercles). Nous sommes en présence d'un système d'écriture dans laquelle seule la « position » du signe (et non plus sa forme graphique même) indique sa valeur, c'est-à-dire un système numérique de position. Nous avons même — coup de chance ! — dans ce premier témoin d'un système positionnel la présence d'un zéro comme « place vide », le blanc laissé à la fin de la première ligne. Contrairement au nôtre, en revanche, qui est à base dix, ce système de position est à base soixante, qui correspond au rapport de la grande encoche à la petite dans le système **S**. Si nous écrivons les quatre premières lignes en termes modernes, nous avons :

$$14 \times 60^2 + 54 \times 60^1 + \ \ 0 \times 60^0$$
$$29 \times 60^2 + 56 \times 60^1 + 50 \times 60^0$$
$$17 \times 60^2 + 43 \times 60^1 + 40 \times 60^0$$
$$30 \times 60^2 + 53 \times 60^1 + 20 \times 60^0$$

$$90 \times 60^2 + 206 \times 60^1 + 110 \times 60^0$$
$$= 1 \times 60^3 + 33 \times 60^2 + 27 \times 60^1 + 50 \times 60^0$$

Sachant qu'il y a 180 ©e dans un **gín** et 60 **gín** dans un **mana**, ce nombre se convertit en

$$1 \ \mathbf{mana} + 33 \ \mathbf{gín} + \left(3 \times 27\frac{50}{60}\right)\check{s}e$$

$$= 1 \ \mathbf{mana} + \left(\frac{1}{2}\mathbf{mana} + 3 \ \mathbf{gín}\right) + 83\frac{1}{2}\check{s}e$$

$$= 1\frac{1}{2}\mathbf{mana} + 3 \ \mathbf{gín} + (90 - 7)\check{s}e + \frac{1}{2}\check{s}e$$

$$= 1\frac{1}{2}\mathbf{mana} + 3\frac{1}{2} \ \mathbf{gín} - 7\check{s}e\left(+ \frac{1}{2}\check{s}e\right)$$

c'est-à-dire la quantité exprimée en ligne 5 à un demi-**še** près (ou 50 mg sur plus de 1,5 kg).

Encore plus important que la création d'un système de position est le fait que celui-ci est pour la première fois indépendant du système métrologique. Tous les nombres sont dans un même système — sauf à la dernière ligne lorsqu'il s'agit de fournir finalement la solution concrète, qui doit être un poids (donc écrite dans le système de mesure correspondant). C'est un pas majeur en avant dans un long processus d'abstraction du nombre, un processus qui continuera jusqu'à nos jours. Contrairement à ce que nous avons observé sur les premières tables évoquées plus haut, il devient possible d'« opérer » sur ces nombres sans restriction, par rapport à un système de mesures quelconque. Dans les deux millénaires qui restent à la civilisation mésopotamienne, on les additionnera et les multipliera, on prendra leurs racines carrées et leurs inverses au gré des procédures de solution des problèmes mathématiques, sans plus prendre en compte dans les calculs leur éventuelle origine métrologique concrète dans le problème considéré.

Conclusion

La reconstitution détaillée et concrète, au-delà de son intérêt propre pour comprendre la genèse d'une de nos notions les plus courantes, illustre plusieurs aspects importants des rapports entre écriture et nombres que j'avais évoqués dans l'introduction.

Nous avons vu ainsi comment l'effacement de la distinction des signes représentant une quantité dans différents systèmes métrologiques, c'est-à-dire une unification notationnelle, restructure l'organisation de portions de textes mathématiques.

Nous avons également observé certains effets des tensions entre le processus de linéarisation de l'écriture et les ambiguïtés qui en résultent. Au départ, l'écriture des nombres en Mésopotamie n'est pas du tout linéaire, l'ordre des signes par exemple est arbitraire à l'intérieur d'une case. Les transformations de l'écriture nécessitent des compensations dans le cas des mathématiques ; ainsi la dissociation dans l'écriture de différents éléments, l'information quantitative et le nom de l'unité à laquelle elle est attachée, crée la possibilité d'isoler cette information quantitative et d'opérer sur elle seule diverses transformations.

L'effet dynamique créé par plusieurs modifications aboutit, enfin, à un nouvel objet mathématique, le nombre sexagésimal inclus dans des calculs, dans le cadre d'un système unique de numération positionnel. La naissance de cet objet n'est bien sûr pas un simple réflexe automatique de réformes orthographiques ; mais la nature même du support de l'écriture, les besoins bureaucratiques croissants des états mésopotamiens, ont de manière cruciale, stimulé ce changement et contraint sa direction.

Ces rapports étroits entre nombres et écriture, je l'ai indiqué en commençant, se sont poursuivis bien après la période que j'ai étudiée en détail ici. Ils sont loin d'être épuisés à la fin de « notre » deuxième millénaire. L'écriture des nombres dans des programmes informatiques, en particulier les problèmes liés à la nécessaire finitude de cette écriture par rapport aux types de nombres écrits usuels, fournit un exemple récent de la fécondité actuelle de ces relations. Je pense que ces relations sont d'autant plus intéressantes à observer que l'écriture est spontanément perçue maintenant comme une simple réflexion de la langue parlée — en témoigne le fait qu'Internet a longtemps été incapable de gérer les formules mathématiques autrement que comme images.

C'est par une question ouverte que je voudrais terminer. Il est beaucoup question de la disparition du support écrit, et surtout de l'écriture (perçue comme simple enregistrement), au profit d'une information fondée sur les images. Compte tenu des relations profondes entre mathématiques et écriture, il me semble intéressant de nous demander si et comment l'écriture et l'activité mathématique s'en trouveraient transformées.

RÉFÉRENCES

– Benoît (P.), Chemla (K.) et Ritter (J.) (éd.), *Histoire de fractions, fractions d'histoire*, Bâle, Birkhäuser, 1992.
– Green (M.), « Animal Husbandry at Uruk in the Archaic Period », *Journal of Near Eastern Studies* 39, 1980, p. 1-35.
– Jestin (R.), *Tablettes sumériennes de Suruppak conservées au Musée de Stamboul*, Paris, de Boccard, 1937.

– KEISER (C.), *Selected Temple Documents of the Ur Dynasty*, New Haven, Yale University Press, 1919.

– LIMET (H.), *Études des documents de la période d'Aggadé appartenant à l'Université de Liège*, Paris, Les Belles Lettres, 1973.

– NISSEN (H.), DAMEROW (P.) et ENGLUND (R.), *Archaic Bookkeeping. Writing and Techniques of Economic Administration in the Ancient Near East*, Chicago, University of Chicago Press, 1994.

– POMMARET (J.-F.), *Systems of Partial Differential Equations and Lie Pseudogroups*, New York, Gordon and Breach, 1978.

– RITTER (J.), « Babylone-1800 » *in* Michel Serres (éd.), *Éléments d'Histoire des Sciences*, Paris, Bordas, 1989, p. 17-37.

La turbulence

par Uriel Frisch

Comme ma conférence se situe dans le cadre du thème « Perspectives sur les mathématiques actuelles », je vais bien entendu vous parler aussi des aspects de la turbulence qui relèvent des mathématiques. Toutefois, le sujet est très interdisciplinaire et touche, comme vous le verrez, aussi à la physique, à la mécanique des fluides, à la météorologie et à l'astrophysique. Apres une brève introduction, je vous dirai deux mots de la formulation du problème, puis je vous parlerai de transition, de chaos, d'effet papillon, de mouvement brownien, de chou-fleur et enfin du million de dollars que M. Clay nous a promis.

Le mot « turbulence » signifiait à l'origine « mouvements désordonnés d'une foule » (en latin *turba* signifie foule). Au Moyen Âge « turbulences » était utilisé comme synonyme de « troubles ». C'est ainsi que, sur un manuscrit en vieux français exposé au musée J. Paul Getty à Los Angeles, j'ai trouvé récemment un « Seigneur, délivrez-nous des turbulences ». Comme vous le voyez, le sens a ensuite évolué.

Tout d'abord, la turbulence fait partie de l'expérience quotidienne : nul besoin d'un microscope ou d'un télescope pour observer les volutes de la fumée d'une cigarette, les

Texte de la 177ᵉ conférence de l'Université de tous les savoirs donnée le 25 juin 2000.

gracieuses arabesques de la crème versée dans le café, ou les enchevêtrements de tourbillons dans un torrent de montagne *(Fig. 1)*. Ce que nous voyons est très complexe, très désordonné, mais c'est très loin d'être le désordre total. Quand on regarde un écoulement turbulent, même en instantané, sur une photo, ce que l'on voit est autrement plus fascinant que le chaos total obtenu, par exemple, en projetant une poignée de sable sec sur une feuille de papier. La turbulence, quand vous l'observez, est pleine de structures, en particulier de « tourbillons », entités connues depuis l'Antiquité, étudiées et peintes par Léonard de Vinci (qui fut sans doute le premier à utiliser le mot de turbulence — *turbolenza* en italien — pour décrire les mouvements complexes de l'eau ou de l'air). Je crois que c'est ce mélange intime d'ordre et de désordre qui en fait à la fois le charme et, il faut bien le dire, une des principales difficultés.

Il est très facile d'obtenir de la turbulence. En fait, chaque fois qu'un fluide s'écoule autour d'un obstacle, par exemple dans le sillage d'un bateau, et si la vitesse est suffisante, on aura de la turbulence. On en trouve donc un peu partout : la circulation du sang à l'intérieur des vaisseaux sanguins, les écoulements de l'air autour d'une automobile ou d'un avion — responsable des fameuses « turbulences » pour lesquelles on nous demande d'attacher nos ceintures —, ou encore les mouvements de l'atmosphère en météorologie, les mouvements du gaz constituant les étoiles comme notre Soleil, et enfin les fluctuations de densité de l'Univers primitif donnant naissance ultérieurement aux grandes structures de l'Univers actuel, comme les amas de galaxies *(Fig. 2*, voir hors-texte). Sans toute cette turbulence, la pollution urbaine persisterait pendant des millénaires, la chaleur produite par les réactions nucléaires dans les étoiles ne pourrait pas s'en échapper sur une échelle de temps acceptable et les phénomènes météorologiques deviendraient prévisibles à très long terme.

Les équations qui gouvernent les mouvements des fluides, qu'ils soient turbulents ou non, ont été écrites pour

Figure 1

la première fois par Claude Navier en 1823. Elles sont souvent appelées équations de Navier-Stokes en raison des
perfectionnements apportés ultérieurement par George
Stokes. En fait il s'agit essentiellement des équations de

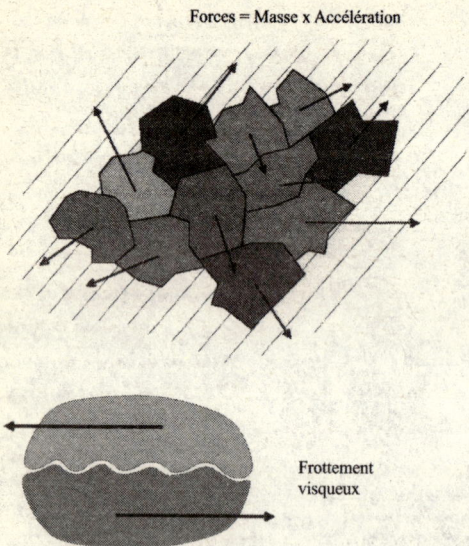

Figure 3

Newton, qui relient la force et l'accélération, équations qu'il faut appliquer à chaque parcelle du fluide ce qui fut fait pour la première fois par Léonard Euler il y a trois siècles. L'apport crucial de Navier a été d'ajouter aux équations d'Euler un terme de friction entre les diverses couches de fluide proportionnel au coefficient de viscosité et aux variations de vitesse *(Fig. 3)*. Ces équations, que l'ont sait par exemple résoudre avec l'ordinateur, comportent encore des défis majeurs sur lesquels je vais revenir.

La turbulence est devenue une science expérimentale vers la fin du XIXe siècle quand l'Anglais Osborne Reynolds a pu observer la transition du régime laminaire au régime turbulent. Vous savez que, dans un tuyau, si l'eau passe

Figure 4 – L'allée tourbillonnaire de von Kármán.

lentement, on aura des filets bien réguliers, c'est-à-dire un écoulement laminaire. Si elle va trop vite, il apparaît un très grand nombre de tourbillons et les pertes de charge dans le tuyau vont être très différentes. Reynolds put mettre en évidence des lois assez simples relatives à n'importe quel tuyau pour cette transition vers la turbulence ; il introduisit un nombre, appelé depuis nombre de Reynolds, qui n'est autre que le produit du diamètre du tuyau D et de la vitesse moyenne de l'écoulement dans le tuyau V, le tout divisé par la viscosité du fluide v (viscosité de l'air environ 0,1 cm²/s, viscosité de l'eau 0,01 cm²/s) soit Re = DV/v. Reynolds a montré que lorsque ce nombre dépasse une certaine valeur critique, de l'ordre de quelques milliers, l'écoulement devient turbulent tout d'un coup. Des transitions analogues mais plus spectaculaires s'observent dans des écoulements ouverts derrière un cylindre *(Fig. 4)*. Léonard de Vinci avait déjà vu le phénomène d'allée tourbillonnaire et l'avait représenté de façon presque correcte *(Fig. 5)*.

Une caractéristique très importante de ces écoulements turbulents, qui apparaît dès la transition, est leur

Figure 5 – Recirculations à l'aval d'un élargissement brusque
par Léonard de Vinci.

caractère chaotique. De façon plus précise, les écoulements turbulents apparaissent comme non prévisibles. Qu'est-ce que cela veut dire, non prévisibles ? Supposons que l'on connaisse de façon détaillée la configuration de l'écoulement à un instant donné. Alors, bien que cet écoulement soit régi par des équations bien déterminées, déterministes comme on dit, dans la pratique il n'est pas possible de prédire l'évolution ultérieure pour des temps longs. Cette théorie du chaos, qui doit beaucoup à Henri Poincaré, à David Ruelle, à Edward Lorenz et à l'École russe de Kolmogorov et de ses élèves Vladimir Arnold et Yacov Sinai, a des implications très importantes en météorologie. Imaginons que, pour prévoir le temps, on mesure, à un instant donné, le vent, la pression, la température en tous les points de la planète et que l'on essaie de prédire l'évolution ultérieure du temps par un calcul à l'ordinateur. En fait, au bout d'un temps relativement court, vous ne pourrez plus prédire de façon détaillée dans quel état se trouve l'atmosphère, et cela quelle que soit la puissance des ordinateurs. On dit que la turbulence atmosphérique est non prévisible, elle

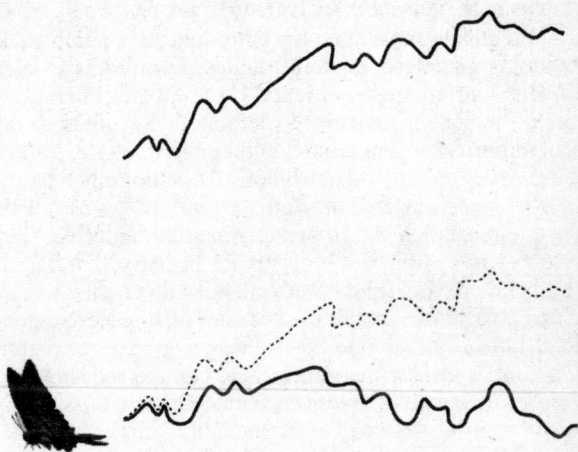

Figure 6 – L'effet papillon.

finit par être sensible au moindre éternuement ou à un battement d'aile d'un papillon, comme l'a suggère le météorologue américain E. Lorenz. Son « effet papillon » est illustré sur la *figure 6* où les courbes représentent non pas la trajectoire d'un papillon mais — de façon symbolique — la trajectoire du point représentatif de l'ensemble du système étudié. La courbe du haut correspond au cas sans papillon et la courbe du bas à la trajectoire modifiée par la présence initiale d'un battement d'aile d'un papillon. Les deux trajectoires restent d'abord proches (pour le montrer j'ai répété la première trajectoire en pointillé) puis s'écartent assez vite. Dans la pratique il n'est pas possible de prédire en détail le temps qu'il fera au-delà d'environ une dizaine de jours. Toutefois des progrès récents, qui doivent beaucoup aux travaux de Michael Ghil, Bernard Legras et Robert Vautard, rendent concevables des prévisions un peu plus grossières à l'échelle de plusieurs semaines, voire de plusieurs mois dans les régions tropicales.

En géophysique et en astrophysique, des nombres de Reynolds gigantesques de centaines de millions et bien au-delà sont monnaie courante. Un point très intéressant est que, lorsqu'on augmente le nombre de Reynolds, ce qui peut se faire par exemple en diminuant la viscosité, il apparaît de plus en plus de tourbillons de petite taille comme vous le voyez sur la *figure 7* qui présente un jet turbulent. Chaque tourbillon est un peu comme une molécule. C'est ce que l'on appelle des « degrés de liberté ». Lorsque le nombre de Reynolds est grand, cela veut dire qu'il y a beaucoup de degrés de liberté ; c'est ce que l'on appelle le régime de turbulence développée. Il est facile d'observer ce régime dans une soufflerie de grande taille comme celles où l'on teste les maquettes d'autos et d'avions. On peut aussi maintenant réaliser des souffleries sur table qui exploitent les propriétés très particulières de l'hélium à basse température, comme l'ont montré les travaux de Bernard Castaing à Grenoble et de Patrick Tabeling à Paris. Si on examine le comportement en fonction du temps de la vitesse en un point d'un tel écoulement mesuré par une sonde, on est frappé de l'analogie avec la courbe du mouvement brownien *(Fig. 8)*. Cette dernière peut être imaginée comme le relevé en fonction du temps de la position d'un ivrogne arpentant la grande rue d'un village aux innombrables bistrots, ivrogne qui déambulerait tantôt dans un sens tantôt dans l'autre sans jamais se souvenir du sens précédent de sa marche au hasard. Il est facile de voir que le déplacement typique d'un tel ivrogne pendant un certain intervalle de temps est proportionnel non pas au temps écoulé mais à sa racine carrée (la même loi que celle qui régit les erreurs dans les sondages d'opinion). Dans un écoulement turbulent développé on trouve que la variation de la vitesse pendant un certain intervalle de temps est proportionnelle, non à la racine carrée mais à la racine cubique du temps écoulé. Cette loi en racine cubique, obtenue en fait par un argument dimensionnel lié à la conservation de l'énergie, fut prédite en 1941 par le mathématicien russe Andrei Kolmogorov et a

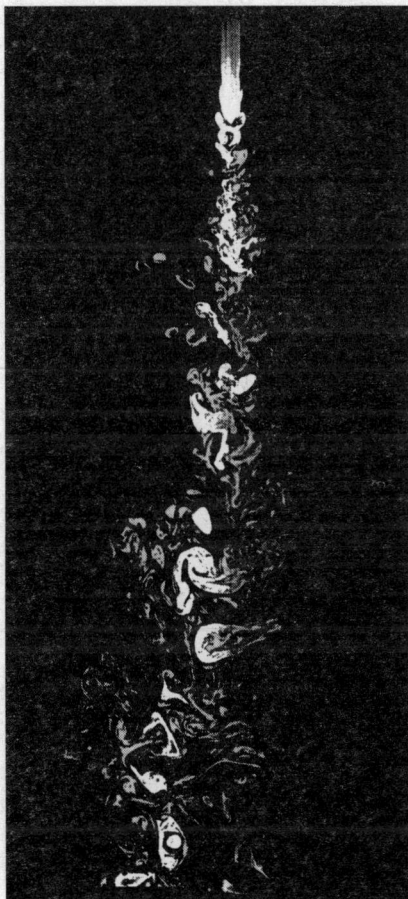

Figure 7 – Jet d'eau turbulent
(d'après Dimotakis, Lye et Papantoniou, 1981).

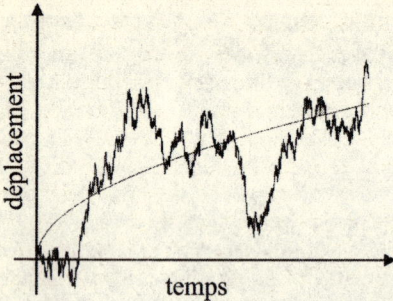

Figure 8 – Mouvement brownien.

été assez largement validée par des expériences et des simulations sur ordinateur. En fait, dès 1922 l'Anglais Lewis Fry Richardson, avait pressenti ce qui se passait en présentant sa vision de la cascade d'énergie des grandes vers les petites échelles d'un écoulement turbulent, vision directement inspirée d'un poème du poète anglais Jonathan Swift :

> « So, nat'ralists observe, a flea
> *Hath smaller fleas that on him prey;*
> *And these have smaller yet to bite 'em,*
> *And so proceed ad infinitum.* »

Plutôt que de me hasarder à traduire, je vous demande d'imaginer une grosse puce en train de sucer le sang de votre chien, sang qui va ici jouer le rôle que l'énergie cinétique joue en turbulence. Maintenant, imaginez que la grosse puce est à son tour assaillie de puces plus petites qui lui sucent le sang et ainsi de suite jusqu'a atteindre des puces tellement petites que le sang y est décomposé par des processus moléculaires. Le monstre ainsi sorti de l'imagination de Swift constitue ce que Benoît Mandelbrot a appelé une fractale. Ces fractales peuvent être caractérisées par une dimension qui n'est pas un nombre entier. Les objets de dimension entière 0, 1, 2, 3 sont, par exemple, des points, des lignes, des surfaces et des volumes. Pour imaginer un objet de dimension fractale entre 2 et 3 pensez par exemple à un chou-fleur. La dimension fractale de la turbulence — plus précisément ce que les mathématiciens appellent la dimension de Hausdorff de la dissipation d'énergie — est très proche de trois. Si c'était vraiment trois, la théorie proposée par Kolmogorov en 1941 serait exacte, ce qui explique le succès qu'a rencontré cette théorie dans l'élaboration de modèles empiriques pour les calculs des ingénieurs.

Le calcul de telles dimensions à partir des équations fondamentales de la mécanique des fluides reste un problème ouvert. Toutefois des progrès importants ont été faits ces dernières années en utilisant des outils mathématiques empruntés à la théorie quantique des champs, appliqués à un modèle simplifié dû à l'Américain Robert Kraichnan. Dans ce modèle on suppose l'écoulement turbulent connu et l'on cherche à caractériser les propriétés d'un traceur transporté par cette turbulence, comme illustré par la *figure 9* (voir hors-texte) d'Antonio Celani, Alain Noullez et Massimo Vergassola, représentant un instantané de la concentration d'un traceur obtenu par simulation à l'ordinateur. On peut imaginer par exemple qu'il s'agit de la concentration d'un polluant lâché dans l'océan, On sait maintenant calculer les propriétés fractales de tels polluants, mais il faudra sans doute des années avant de pouvoir mener à bien une entreprise comparable pour les propriétés fractales de la turbulence elle-même.

Dans un écoulement turbulent, si la variation temporelle de la vitesse en un point est généralement bien donnée par la loi en racine cubique de Kolmogorov, on sait depuis longtemps que ce n'est pas toujours vrai. Déjà en 1843 Adhémar Barré de Saint Venant observe que « les écoulements dans les canaux de grande section, ceux dont nous dirions aujourd'hui qu'ils possèdent un grand nombre de Reynolds, présentent des ruptures, des tourbillonnements et autres mouvements compliqués ». Le point intéressant ce sont les ruptures. On sait expérimentalement que la vitesse de l'écoulement peut varier de façon considérable entre deux points voisins. Si par hasard l'échelle de cette variation devenait comparable à la distance parcourue par les molécules du fluide entre deux collisions successives, alors il faudrait repenser les fondements mathématiques des équations de Navier-Stokes. La façon traditionnelle d'obtenir ces équations suppose en effet une forte séparation entre le monde microscopique des molécules et le monde, appelé « macroscopique » où le fluide est traité comme un milieu continu.

Cela m'amène au grand défi mathématique qui fait l'objet d'un des sept prix d'un montant d'un million de dollars annoncés récemment par la fondation Clay au Collège de France. Le problème est de montrer que les équations de Navier-Stokes conduisent à un problème « bien posé ». Cela veut dire que si l'on connaît le mouvement du fluide à un instant initial le problème a une solution unique à tout instant ultérieur. Notez que cette fois le problème n'est pas celui des erreurs mais de l'unicité de la solution. Ce problème a été résolu dans les années 1930 par Jean Leray dans le cas de deux dimensions d'espace (ce qui est pertinent en météorologie et en océanographie). Le problème est beaucoup plus difficile en dimension trois. Je vais essayer maintenant de donner un tout petit aperçu de la difficulté, sans utiliser de formalisme mathématique. Tout d'abord il faut noter que dans un fluide qui n'est pas en mouvement uniforme les filets fluides frottent les uns contre les autres en raison de la viscosité, ce qui tend à ralentir leur mouvement relatif. À faible vitesse, donc à faible nombre de Reynolds (ce dernier est proportionnel à la vitesse), les effets du frottement visqueux sont très importants pour tous les tourbillons présents dans l'écoulement. Ce frottement rabote tout et l'on sait démontrer — ce n'est pas très difficile — que le problème est bien posé. En revanche, à grand nombre de Reynolds, les effets du frottement visqueux sont limités aux plus petits tourbillons et le problème est proche du problème du fluide parfait dans lequel la viscosité est ignorée. On sait montrer que ce dernier problème est bien posé pendant un temps court mais pas au-delà. En gros, le mieux qu'on sait démontrer pour l'instant, c'est que le fluide parfait ne se comporte pas mieux qu'un mobile dont l'accélération serait proportionnelle au carré de la vitesse, hypothèse qui conduit à une augmentation catastrophique de la vitesse qui peut devenir infinie au bout d'un temps assez court *(Fig. 10)*. Certaines

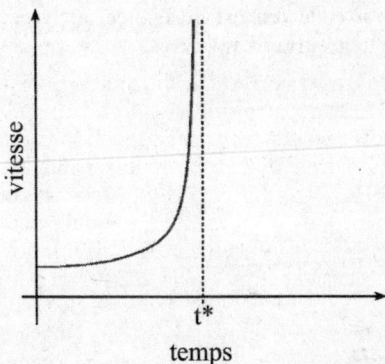

Figure 10 – *L'accélération est proportionnelle au carré de la vitesse : la vitesse explose au bout d'un temps fini.*

simulations numériques suggèrent que le fluide parfait est en réalité bien plus sage — ne diverge pas —, et conduit de ce fait à un problème bien posé pour des temps arbitrairement longs. Il est possible aussi que les solutions pour le fluide parfait divergent rapidement mais que l'effet du frottement visqueux empêche cette divergence. C'est précisément ce qui se passe dans la théorie de 1941 de Kolmogorov, mais pas nécessairement dans la réalité.

En conclusion, je voudrais souligner que la turbulence a un statut très particulier dans la physique contemporaine.

Elle est souvent considérée comme un des grands problèmes ouverts de la physique, mais contrairement à d'autres problèmes frontières de la physique, les phénomènes auxquels on s'intéresse en turbulence ne se situent ni dans l'infiniment petit ni, en général, dans l'infiniment grand. Ces phénomènes sont parfaitement décrits par la mécanique de Newton, sans qu'il soit nécessaire de faire intervenir la mécanique quantique ou la mécanique relativiste, c'est-à-dire les idées modernes de la physique sur l'espace, le temps et la matière. Comme vous le voyez, la physique, dite « classique », celle qui est enseignée au lycée, comporte encore quelques grands mystères.

Les probabilités
et le mouvement brownien

par Philippe Biane

Les lois du hasard

Il peut paraître paradoxal de parler de lois du hasard, car ce mot évoque pour nous l'imprévisible, sur lequel nous n'avons aucune prise, et pourtant le hasard obéit à des règles bien précises. La connaissance de ces règles permet de faire des prédictions dans des situations où l'on ne maîtrise pas toutes les données, parce qu'elles sont trop nombreuses pour être connues en totalité. L'exemple le plus visible, qui est devenu quasi quotidien dans les sociétés démocratiques modernes, est celui des sondages d'intention de vote qui permettent de prédire le résultat d'une élection sans avoir à interroger tous les électeurs. Comprendre la nature des lois du hasard est indispensable si l'on veut connaître la portée et les limites de ces méthodes. Tout d'abord il faut savoir que la nature de ces lois est asymptotique : on ne peut pas déduire d'information probabiliste de la réalisation d'un événement particulier, seules les séries d'événements ont une signification statistique, d'autant plus fiable que leur nombre est grand. Ainsi lorsqu'on jette une pièce de monnaie en l'air, la symétrie de la pièce fait qu'il y a autant de chances pour qu'elle

Texte de la 178ᵉ conférence de l'Université de tous les savoirs donnée le 26 juin 2000.

retombe sur « pile » ou « face », mais cette symétrie est brisée lorsque la pièce est retombée, et seule l'une des deux alternatives est réalisée. L'équiprobabilité n'est observable que si l'on répète l'expérience un grand nombre de fois : il est bien connu qu'alors les fréquences d'apparition des « pile » et des « face » se rapprochent de 1/2. Cette observation se généralise pour donner le résultat fondamental du calcul des probabilités, qui est la loi des grands nombres. Sous sa version la plus simple elle exprime le fait que si l'on répète un grand nombre de fois une même expérience aléatoire, dont le résultat est une valeur numérique, alors la moyenne des résultats obtenus tend à se rapprocher de l'espérance mathématique de l'expérience. Cette espérance est, par définition, la somme pondérée de tous les résultats possibles, chacun étant affecté d'un poids égal à sa probabilité d'apparaître. Si nous reprenons l'exemple du jeu de pile ou face, et si nous décidons de compter 1 pour chaque face, et 0 pour chaque pile obtenus lors de lancers de pièces, la loi des grands nombres nous assure que la moyenne des résultats obtenus, qui ici est égale à la fréquence d'apparition des « face », se rapproche de 1/2 quand le nombre de tirages devient grand, conformément à l'expérience.

C'est la loi des grands nombres qui justifie les méthodes d'échantillonnage utilisées en statistique, c'est elle encore qui permet de savoir qu'à long terme un casino est toujours gagnant, et même d'estimer son bénéfice futur. Enfin, on nomme aussi parfois, de façon plus générale, mais aussi moins précise, « loi des grands nombres » tout résultat qui prédit le comportement déterministe, au niveau macroscopique, d'un système composé d'un grand nombre d'éléments microscopiques, interagissant de manière complexe et qui échappent à une description détaillée. C'est ainsi que les quantités intensives de la thermodynamique classique (pression, température, etc.) sont des moyennes, sur de petites régions de l'espace de quantités qui varient énormément sur des distances encore plus petites. Le comportement parfaitement prévisible, à notre échelle, de ces moyennes, qui se traduit par les lois bien connues de la physique des gaz, est un effet de cette loi des grands nombres plus générale.

La loi des grands nombres n'a qu'une valeur asymptotique, on observe donc, lorsqu'on reste avec des nombres finis, des écarts par rapport au comportement moyen attendu. Ces écarts eux aussi suivent des lois précises, mais cette fois ce n'est plus leur valeur que l'on peut prédire, seulement leur répartition statistique. Ainsi le théorème de la limite centrale prédit que l'écart à la limite dans la loi des grands nombres suit approximativement une loi gaussienne (décrite par la fameuse « courbe en cloche ») dont la variance, qui mesure l'étalement de la courbe, est proportionnelle à l'inverse du nombre d'expériences. Pour voir, en termes plus concrets, ce que cela signifie, considérons l'expérience consistant à répéter N fois le tirage d'une pièce de monnaie, N étant un nombre supposé très grand. La quantité :

$$E = 2\sqrt{N} \times ((\text{fréquence des « face »}) - 1/2)$$

représente l'écart entre la fréquence théorique, 1/2, et la fréquence du nombre de faces observée pendant l'expérience, multiplié par un facteur de renormalisation $2\sqrt{N}$. Répétons cette expérience 200 fois (ce nombre étant pris pour fixer les idées, cela revient donc à lancer $200 \times N$ fois la pièce), et répartissons les fréquences relatives des résultats obtenus pour la quantité E dans un histogramme, alors on obtient typiquement un diagramme ressemblant à celui de la *figure 1*. Les valeurs exactes des hauteurs des colonnes peuvent fluctuer en fonction de l'expérience, mais leur allure générale reste presque toujours proche de la courbe gaussienne, qui est le graphe de la fonction $e^{-x^2/2}/(\sqrt{2\pi})$, tracé sur la figure, et aura tendance à s'y conformer encore plus précisément si le nombre d'expériences, qui ici était égal à 200, est augmenté. Il est remarquable que la façon dont les résultats se répartissent à la limite est indépendante de la nature de l'expérience que l'on répète. Cette universalité de la loi gaussienne est à l'origine de son intervention dans de nombreux problèmes de probabilités. Le théorème de la limite centrale permet de donner des

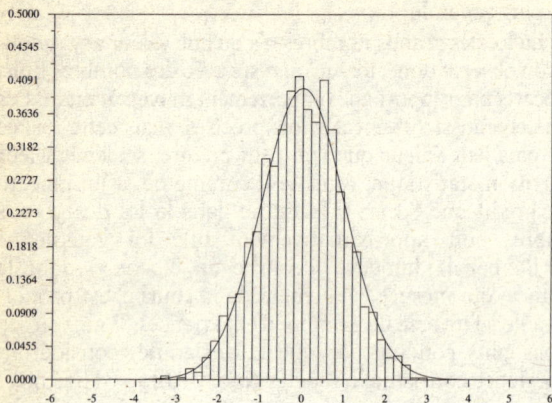

Figure 1 – Le théorème de la limite centrale.

intervalles de confiance pour les estimations par échantillonnage, comme les sondages d'intention de vote. Il permet aussi d'expliquer la « loi des erreurs », c'est-à-dire le fait que les erreurs de mesure des grandeurs physiques, qui ont de multiples causes indépendantes entre elles, tendent à se répartir suivant une distribution gaussienne.

La loi des grands nombres et le théorème de la limite centrale, qui sont les deux résultats fondamentaux du calcul des probabilités, étaient en essence connus dès le XVIIIe siècle. Le développement de la théorie des probabilités au XIXe puis au XXe siècle a fait une place de plus en plus importante à l'étude des processus stochastiques, c'est-à-dire des phénomènes qui évoluent de façon aléatoire au cours du temps. Parmi ces processus stochastiques, un rôle central est tenu par le mouvement brownien, tant du point de vue de la théorie que de celui des applications. Je vais tenter dans cet exposé de présenter le mouvement brownien, et d'expliquer pourquoi et comment on l'utilise pour modéliser les phénomènes de bruit. Les applications technologiques de ces modélisations sont nombreuses, allant de l'aéronautique à la finance en passant par les télécommunications.

Le mouvement brownien

L'observation du mouvement brownien est probablement aussi ancienne que l'invention du microscope, en fait il suffit d'observer de l'eau avec un fort grossissement pour y voir de petites particules en suspension agitées d'un mouvement désordonné et incessant. C'est le botaniste Brown qui, observant des particules de pollen à la surface de l'eau fit le premier, en 1827, une description précise de ce phénomène et lui laissa son nom. Une courbe comme celle représentée sur la *figure 2*, qui peut s'obtenir facilement par simulation sur un ordinateur personnel, représente un exemple typique de trajectoire d'une particule animée d'un mouvement brownien, observée pendant un intervalle de temps donné. Le caractère extrêmement irrégulier de ces trajectoires, qui apparaît clairement sur la figure, avait beaucoup intrigué ceux qui avaient observé ce phénomène à l'époque de Brown. Plusieurs hypothèses sur son origine furent proposées, dont certaines, de type vitaliste, supposaient que les particules possédaient une énergie propre qui les faisait se mouvoir, mais la véritable explication ne fut donnée qu'à la fin du siècle dernier, alors que la théorie de la structure atomique de la matière s'imposait au monde scientifique. Lorsqu'une petite particule solide est placée dans un fluide, elle est soumise au bombardement incessant des molécules qui composent le fluide. Ces molécules sont très petites par rapport à la particule (en pratique les particules en question ont une taille de l'ordre du micron, soit 10^{-3} μm alors que les molécules d'eau, par exemple, ont un diamètre de l'ordre de quelques Angström, soit 10^{-7} μm), mais elles sont en très grand nombre, et leurs vitesses sont réparties dans l'espace de façon isotrope, ce qui fait qu'en première approximation, par la loi des grands nombres, l'impulsion résultant de ces chocs est nulle. Plus la particule est petite, moins elle subit de chocs par unité de temps, et plus elle est sensible aux écarts par rapport à la loi des grands nombres, si bien qu'en dessous d'une certaine taille les chocs cessent de se compenser exactement et produisent ce mouvement désordonné, dont la direction change de façon incessante. C'est Einstein qui le premier, en 1905, réussit à faire de cette observation une théorie physique quantitative. La théorie d'Einstein fut bientôt confirmée expérimentalement par Jean Perrin, qui en déduisit la première détermination précise du nombre d'Avogadro (le nombre d'atomes contenus dans un gramme d'hydrogène). Ces travaux, associés à ceux de Planck sur la radiation du corps noir, firent tomber les réticences des derniers sceptiques envers la théorie atomique, qui n'était pas à l'époque unanimement acceptée. Dans son mémoire, Einstein donne la description suivante du mouvement brownien :

a) entre deux instants s et t, le déplacement de la particule brownienne est aléatoire et suit une loi gaussienne de variance $D \times (t - s)$ où D est un paramètre dépendant des caractéristiques physiques de la particule, comme la masse et le diamètre, et du fluide (viscosité, température, etc.) ;

b) ce déplacement est indépendant du chemin parcouru par la particule avant le temps s.

La variance du a) est la valeur moyenne du carré de la distance entre les positions de la particule aux instants s et t, et Einstein donne une formule explicite pour D. Ces deux propriétés caractérisent complètement le comportement statistique des particules browniennes. Une conséquence importante est que la quantité que l'on doit mesurer, pour obtenir la valeur du paramètre D, est le déplacement quadratique moyen de la particule et non pas sa vitesse, qui n'est pas mesurable comme l'avaient observé depuis longtemps les expérimentateurs. C'est en mesurant la valeur de D que Jean Perrin a pu estimer le nombre d'Avogadro. Comme nous le verrons plus loin, les lois d'Einstein sont très générales et concernent en fait une

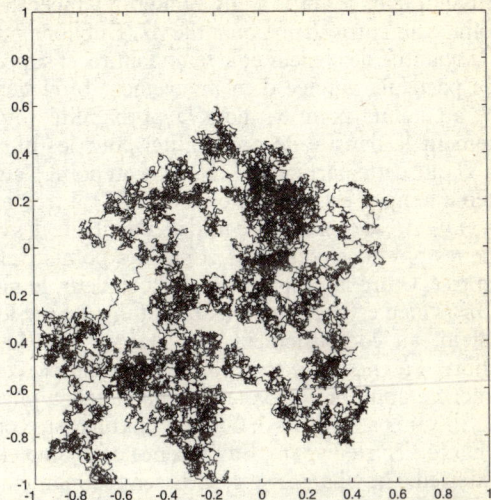

Figure 2 – Trajectoire d'une particule brownienne.

gamme de phénomènes beaucoup plus large que les particules en suspension dans un fluide. Leur universalité a la même origine que l'universalité de la loi gaussienne provenant du théorème de la limite centrale.

L'équation de la chaleur

Il résulte de la description donnée par Einstein que la probabilité de présence de la particule brownienne en un point suit une équation identique à celle qui régit la propagation de la chaleur, bien que ces phénomènes physiques soient tout à fait distincts l'un de l'autre. Cela se traduit concrètement de la manière suivante. Déposons une quantité de chaleur donnée en un point x d'un corps homogène.

Au bout d'un temps t, cette quantité de chaleur, en se répartissant dans le corps a fait monter la température en un point y du corps, d'une quantité ΔT. Oublions maintenant la quantité de chaleur et la température, et supposons qu'une particule animée d'un mouvement brownien soit placée au même point x, alors la probabilité (ou plus exactement la densité de probabilité, pour les puristes) $p(t, x, y)$ que cette particule se retrouve au point y au bout du même temps t est proportionnelle à ΔT, autrement dit $p(t, x, y) = c\Delta T$, le coefficient c ne dépendant que des caractéristiques physiques du corps et pas des points x et y ou du temps t. Outre la propagation de la chaleur, le mouvement brownien est également associé, toujours *via* les lois d'Einstein, au comportement des charges électriques à l'équilibre. Là encore, je vais donner un exemple concret de l'interprétation brownienne d'un phénomène physique simple, illustré par la *figure 3*. Considérons un corps conducteur chargé électriquement. En l'absence de champ électrique extérieur, les charges se répartissent spontanément à la surface du corps selon une configuration qui tend à minimiser l'énergie électrostatique. Si maintenant une particule suivant les lois d'Einstein est lâchée d'un point de l'espace situé très loin du corps alors la probabilité pour que l'endroit où elle touche pour la première fois le corps soit un point donné sur la surface est proportionnelle à la charge électrique de ce point dans la configuration d'équilibre. Cela permet de relier le comportement du mouvement brownien avec certaines conséquences bien connues des lois de l'électrostatique, comme le principe du paratonnerre ; en effet, la tendance du mouvement brownien à explorer l'espace autour de lui, bien visible sur la *figure 2*, fait qu'il a plus de chance, en s'approchant d'un corps de le toucher pour la première fois à un endroit où celui-ci présente une partie saillante. Traduit en termes électrostatiques, cela signifie que les charges électriques ont tendance à se concentrer dans les pointes, comme dans un paratonnerre. Précisons encore une fois que ces phénomènes physiques ne sont reliés entre eux qu'à un niveau purement mathématique, celui des équations qui les décrivent,

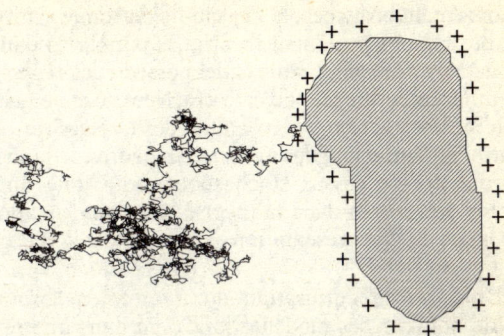

Figure 3 – La charge d'un point à la surface d'un corps conducteur est proportionnelle à la probabilité qu'une particule brownienne touche le corps en ce point.

en particulier, le mouvement de la particule brownienne est supposé être totalement indépendant de la charge éventuelle du corps en question.

Théorie mathématique et applications technologiques

C'est N. Wiener qui le premier, dans les années 1920, montra que l'on pouvait définir de façon rigoureuse un objet mathématique vérifiant les lois d'Einstein, en particulier il démontra que les trajectoires du mouvement brownien mathématique sont continues, et nulle part différentiables, ce qui signifie qu'à aucun instant la vitesse d'un mouvement brownien ne peut être définie, ses changements de direction étant trop rapides. Cela confirme mathématiquement l'impossibilité de mesurer sa vitesse, observée par les expérimentateurs. Ainsi, contrairement aux objets de la physique newtonienne classique, le mouvement brownien ne peut pas être décrit par des équations différentielles, néanmoins, il est possible de développer un calcul différentiel spécifique au mouvement brownien, le « calcul stochastique », inventé, pour des raisons purement théoriques par K. Itô dans les années 1940. Ce calcul différentiel possède des règles propres, différentes de celles du calcul de Newton et de Leibniz, et traduit le caractère très irrégulier des trajectoires browniennes. Il s'agit d'une des avancées majeures de la théorie moderne des processus stochastiques, qui joue un rôle essentiel aussi bien dans la théorie que dans les applications, mais dont la présentation dépassa largement le cadre de cet exposé.

L'origine de l'utilisation du mouvement brownien dans de nombreuses modélisations tient dans une remarque faite par L. Bachelier dans sa thèse sur la spéculation financière, parue en 1900, soit un peu avant le mémoire de 1905 d'Einstein. Bachelier avait montré qu'un mouvement aléatoire dont le déplacement pendant un intervalle de temps infinitésimal dt est de moyenne nulle, et de variance $D \times dt$, satisfait aux lois d'Einstein. On peut donner à cette remarque une forme mathématique précise, connue sous le nom de « théorème d'invariance de Donsker ». Je ne décrirai ce résultat, qui constitue une sorte de version dynamique du théorème de la limite centrale, mais je voudrais souligner qu'une conséquence importante en est qu'en faisant très peu d'hypothèses sur la nature d'un mouvement aléatoire, on montre que celui-ci doit satisfaire aux lois du mouvement brownien. Essentiellement, on en déduit qu'un objet soumis à une multitude d'influences, toutes de petite intensité, agissant indépendamment les unes des autres et constamment, se comporte comme une particule brownienne. Cela justifie le recours au mouvement brownien mathématique pour modéliser les effets de perturbations aléatoires, de bruits dont la nature exacte ou la structure détaillée ne sont pas connues. Ces modélisations trouvent de nombreuses applications technologiques. Ainsi le guidage d'une fusée, ou d'un satellite, s'effectue à distance en modifiant sa trajectoire en fonction des données transmises par des capteurs placés à son bord. La fusée est en effet constamment déviée de sa trajectoire théorique par des petites perturbations d'origines diverses par exemple atmosphériques, ou dues aux fluctuations locales du champ gravitationnel terrestre, et les communications entre la fusée et la base sont elles aussi entachées par des bruits d'origine électromagnétique. Toutes ces perturbations ne peuvent être décrites exactement, mais il est naturel, pour les raisons mentionnées plus haut, d'avoir recours à un mouvement brownien pour les modéliser. On peut alors extraire du flux continu d'informations envoyées par la fusée une composante due au bruit, et rétablir la meilleure approximation possible de sa trajectoire réelle. Le filtre de Kalman-Bucy est la plus ancienne des méthodes utilisées pour effectuer ce débruitage, ayant servi en particulier lors des premières missions Apollo de la NASA. Depuis cette époque, la théorie du filtrage a fait des progrès notamment dans la résolution de problèmes dits « non linéaires » où l'observation ne dépend plus linéairement du signal émis, avec d'importantes applications dans le domaine des télécommunications.

L'idée originelle de Bachelier, qui était de modéliser par des marches au hasard les cours des actifs cotés en bourse a connu un développement spectaculaire ces dernières années, et le mouvement brownien fait désormais partie de l'attirail des financiers. Ainsi la formule de Black et Scholes est aujourd'hui universellement utilisée pour calculer la valeur des options proposées sur les marchés financiers. Rappelons qu'une option est un contrat à terme contingent, c'est-à-dire dont la réalisation est laissée à l'appréciation du client. Par exemple une option d'achat à six mois sur le dollar est un contrat qui permet au client d'une banque d'acheter, six mois après la date du contrat, une certaine quantité de dollars, à un taux de change fixé dans le contrat. Évidemment, le client n'a intérêt à exercer son option que si le taux fixé par le contrat est inférieur au cours du dollar à l'échéance. Une telle option représente un contrat d'assurance contre les fluctuations des taux de change, et doit donc donner lieu au paiement d'une prime par le client, dont le calcul est l'objet de la formule de Black et Scholes. Cette formule s'obtient par un raisonnement fondé sur le calcul stochastique, qui utilise une modélisation des cours des différents actifs par des mouvements browniens, ou des processus stochastiques très proches. Le paramètre D des lois d'Einstein, qui est ici appelé volatilité, est une mesure de l'importance des fluctuations des cours, qui peut être évaluée statistiquement, et dont l'évolution au cours du temps peut être prise en compte dans des modèles plus sophistiqués. Insistons encore sur le fait que toutes ces applications n'auraient pas pu voir le jour sans le développement des outils théoriques puissants inventés par Itô.

Perspectives actuelles

Il est possible de considérer des mouvements browniens ayant lieu dans des espaces plus compliqués que l'espace euclidien usuel, comme des espaces courbes (ce qui se traduit par la variation du coefficient D avec l'endroit où se trouve la particule, et la direction de son déplacement), des espaces munis de structures algébriques, comme des groupes, des espaces fractals, ou bien encore des espaces dont la structure est elle-même aléatoire, par exemple pour modéliser un milieu comportant des impuretés. Le comportement du mouvement brownien reflète alors une partie de la structure de l'espace sous-jacent. On peut également s'intéresser au comportement de plusieurs particules browniennes interagissant, ou bien susceptibles de mourir et de se reproduire, comme dans certains modèles issus de la biologie. Toutes ces généralisations font l'objet de recherches actives, mais le mouvement brownien ordinaire recèle encore bien des mystères. Les questions que l'on se pose à son sujet, et les outils utilisés pour l'étudier, dépendent fortement de la dimension de l'espace dans lequel il évolue. En dimension d'espace égale à un, la structure d'ordre de la droite réelle permet d'utiliser des méthodes combinatoires, ainsi que la théorie des fonctions spéciales, en lien avec les équations différentielles ordinaires. En dimension 2, c'est l'analyse complexe, et la théorie des fonctions analytiques qui prédominent. Il s'agit de domaines de recherches très dynamiques, et je terminerai cet exposé en évoquant un résultat mathématique obtenu très récemment. L'examen de la *figure 2* révèle le caractère extrêmement tortueux de la courbe brownienne. On peut donner une mesure de la complexité de cette courbe en lui assignant un nombre, appelé « dimension de Hausdorff », dont on montre assez facilement qu'il est égal à deux, ce qui signifie que la courbe brownienne possède beaucoup de caractéristiques d'un espace à deux dimensions. Le bord de cette courbe est lui aussi un objet complexe, mais toutefois moins que la courbe tout entière. Il y a une vingtaine d'années, B. Mandelbrot avait conjecturé, sur la foi de simulations informatiques, que la dimension de Hausdorff de ce bord devait être égale à 4/3. Il s'agit d'un problème mathématiquement beaucoup plus difficile que celui où l'on considère la courbe dans son entier, mais il vient d'être résolu grâce aux travaux de G. Lawler, O. Schramm et W. Werner. L'apparition d'un nombre rationnel simple comme ici 4/3 dans un problème aussi complexe est l'illustration de l'existence d'une profonde symétrie sous-jacente. La symétrie en jeu dans ce problème porte le nom d'« invariance conforme », et semble reliée, de façon encore mystérieuse pour les mathématiciens, aux théories physiques, comme la théorie quantique des champs, qui tentent de décrire la structure de la matière à son niveau le plus élémentaire. Il ne fait pas de doute que l'exploration de ces relations donnera lieu à de nouvelles découvertes fondamentales.

RÉFÉRENCES

Ouvrages généraux
– N. Bouleau, *Martingales et marchés financiers*, Paris, O. Jacob, 1998.
– C. Bouzitat, G. Pages, *En passant par hasard : probabilités de tous les jours*, Paris, Vuibert, 1999.
– I. Ekcland, *Au hasard, la chance, la science et le monde*, Point Sciences, Paris, Le Seuil, 2000.

– J. PERRIN, *Les Atomes*, Paris, Gallimard, 1970 (réédition).
– H. POINCARÉ, *Calcul des probabilités*, Paris, Éd. J. Gabay, 1987 (réédition).

Quelques ouvrages plus spécialisés :
– P. LÉVY, *Processus stochastiques et mouvement brownien*, Éd. J. Gabay (Les grands classiques Gauthier-Villars), 1992 (réédition).
– B. OKSENDAL, *Stochastic Differential Equations*, Berlin, Springer Verlag, 1998.
– D. REVUZ, M. YOR, *Continuous Martingales and Brownian Motion*, Berlin, Springer Verlag, 1991.

Espaces courbes

par Jean-Pierre Bourguignon

En vous conviant à une promenade mathématique dans les espaces courbes, mon ambition est de vous introduire au cheminement qui a conduit les mathématiciens à ce concept vers la fin du XVIIIe siècle, à ce qu'ils en ont fait ultérieurement, et finalement de vous proposer d'explorer les domaines très variés des sciences où les espaces courbes sont aujourd'hui utilisés pour modéliser des réalités diverses. C'est au cours de ce rapide aperçu historique que nous rencontrerons en chemin les géométries non euclidiennes, dont la naissance est un des grands moments de l'histoire des mathématiques. D'une certaine façon, la période récente a — à sa manière — vu foisonner des développements qui ont élargi le concept d'espace courbe en vue de son utilisation dans des directions très variées, certaines intrinsèquement liées aux mathématiques, d'autres à des préoccupations qui leurs sont extérieures.

À la recherche de l'espace courbe perdu

Pour situer le problème que pose le concept d'« espace courbe », on peut essayer de partir des deux termes de cette expression.

Texte de la 179e conférence de l'Université de tous les savoirs donnée le 27 juin 2000.

Pour cela suivons la grille de lecture que nous proposent divers auteurs : l'édition de 1890 du Petit Robert donne du mot « espace » la définition suivante : « lieu, plus ou moins délimité, où peut se passer quelque chose », qui reprend sous une forme plus vague, donc *a priori* plus englobante, celle que donnait Emmanuel Kant : « L'espace, forme *a priori* de la sensibilité extérieure » ; une version plus récente du Petit Robert prend implicitement acte de l'extension de la notion d'espace qui s'est produite en mathématiques (sans y faire référence cependant) en proposant un sens élargi au mot « espace » sous la forme « milieu conçu par l'abstraction de l'espace ordinaire ».

La définition que le Petit Robert donne du mot « courbe » ne permet pas vraiment d'entrevoir le concept d'un « espace courbe » puisque pour l'adjectif « courbe » on trouve : « qui change de direction sans former d'angle, qui n'est pas droit », donc fait implicitement référence à un contexte unidimensionnel, alors que pour exister de façon non triviale « un espace courbe doit avoir au moins deux dimensions ».

Julien Gracq offre dans *La Littérature à l'estomac* une perspective plus intéressante qui donne droit de cité aux espaces courbes. Il dit en effet* : « [...] alors, comme un enlisé qui lève la main frénétiquement hors du sable avant de consentir à sa nuit, il y avait encore des gens du monde pour contester passionnément, dans une crise de colère rouge, que l'espace fût courbe comme le voulait Einstein, des préposés au balisage pour ricaner rageusement de la dérive des continents ».

Certains peintres du XXe siècle comme Delaunay et Vasarely ont relevé le défi de représenter des espaces courbes ou de les utiliser comme mode de figuration d'une autre réalité plus intérieure. Le *Manifeste du Cubisme* de Gleizes aborde cet aspect très directement au nom de la

---

* Je remercie Bernard Cerquiglini de m'avoir fait profiter, pour localiser ce texte, des possibilités immenses du *Trésor de la Langue Française*, projet dont il a la charge.

nécessité d'intégrer dans le champ de la peinture moderne d'autres domaines de la connaissance que la perception sensible immédiate.

Du côté de chez Euclide

Euclide publia vers le VII-VIe siècle avant notre ère, les *Éléments*, un des ouvrages les plus influents de l'Histoire de l'Humanité. Il y utilise une approche « synthétique » de la géométrie dans laquelle les points, les droites, les plans sont définis de façon « axiomatique » chacun pour soi, ainsi que les diverses « relations d'incidence » qu'ils entretiennent entre eux : un point sur une droite, le point d'intersection de deux droites, etc. En particulier, chez Euclide, deux droites sont dites « parallèles » si elles n'ont pas de point d'intersection aussi loin qu'elles soient prolongées. Parmi les courbes qui jouent aussi un rôle important dans la géométrie d'Euclide, on trouve les cercles, ensemble des points à une distance donnée d'un point, le centre du cercle, et plus généralement les côniques, courbes obtenues par section d'un cône par un plan, à savoir les ellipses, les paraboles et les hyperboles, suivant la position du plan sécant par rapport à l'axe du cône.

Dans les *Éléments*, on trouve un axiome qui a provoqué beaucoup de discussions au cours des siècles : c'est le fameux « axiome des parallèles » qui stipule que « par un point extérieur à une droite donnée, il passe une et une seule droite parallèle à celle-ci ». Il y eut de nombreuses tentatives pour prouver que cet axiome pouvait en fait être déduit des axiomes précédents, et donc devenir un « théorème » de la géométrie. Cette question, d'intérêt *a priori* purement académique, a joué un grand rôle dans la naissance du concept d'espace courbe, qui est le cœur de notre sujet.

Pour introduire la notion de « courbure », intéressons-nous à une courbe lisse générale C tracée dans un plan. Prenons un point p sur cette courbe, et essayons d'approximer la courbe au voisinage de ce point par des courbes simples, comme des droites et des cercles. Une première condition naturelle est bien évidemment que ces courbes passent par p. La droite passant par p qui donne la meilleure approximation est *tangente* à la courbe C, c'est-à-dire limite de droites passant par p et recoupant C en un autre point de plus en plus proche de p. Les cercles passant par p centrés sur la droite normale à C en p (c'est-à-dire perpendiculaires à la tangente à C en ce point) sont tous tangents à la tangente en p. En général, les points de C au voisinage de p sont tous à l'extérieur des cercles de très petit rayon centrés sur la normale, et tous à l'intérieur des cercles de très grand rayon dont les centres s'éloignent dans une direction. « Il existe en fait un et un seul cercle qui a la propriété que certains des points de la courbe proches de p sont à l'inté-rieur de ce cercle et d'autres à l'extérieur. » Ce cercle est appelé le « cercle de courbure » de la courbe au point p et son rayon le « rayon de courbure » R_p de la courbe en ce point. Cette quantité numérique est un invariant important pour décrire le comportement de courbe au voisinage de p car il décrit comment la tangente à la courbe tourne dans ce voisinage. Le cercle de courbure fournit une approxima-tion à un ordre plus élevé au voisinage de p : on dit qu'il est « osculateur » à C en p.

Sur une courbe on peut trouver des points particu-liers, appelés « points d'inflexion », où le centre du cercle de courbure est rejeté à l'infini. Il est commode dans ce cas de considérer que la tangente en p est son cercle de cour-bure. Bien entendu pour des courbes particulières comme les droites, ce phénomène se produit en fait en tout point. Pour les cercles, un autre phénomène a lieu : il est son pro-pre cercle de courbure en chacun de ses points.

Le côté de Göttingen

Pour avancer sur le chemin nous conduisant au concept d'espace courbe, nous considérons maintenant un morceau de surface lisse S dans l'espace ordinaire à trois dimensions. Nous voulons mieux comprendre la structure de S au voisinage d'un de ses points, soit p. Pour cela nous suivons la même approche que pour une courbe dans le plan. Le plan qui approxime le mieux la surface S au voisinage de p est le plan tangent en p, et la « normale » à S en ce point est la droite perpendiculaire en p à ce plan. L'intersection de S avec un plan contenant la normale est une courbe de ce plan à laquelle nous pouvons appliquer la discussion du paragraphe précédent. Pour chaque plan normal P (plan contenant la normale à S en p), nous pouvons donc définir un rayon de courbure de la surface S en p associé à ce plan que nous notons R_p. En fait il sera plus commode de travailler avec la « courbure » K_p, qui n'est rien d'autre que l'inverse du rayon de courbure (c'est-à-dire $K_p = 1/R_p$). Nous notons $K_{maximum}(p)$ la valeur maximum que la courbure prend lorsque le plan P parcourt tous les plans normaux en p, et $K_{minimum}(p)$ sa valeur minimale. Il convient ici de prendre soin de choisir un sens de parcours sur la normale en p, ce qui permet d'attribuer un signe à la courbure, « positif » si le centre du cercle de courbure est dans le sens du parcours de la normale, et « négatif » s'il est dans le sens contraire. Les valeurs $K_{maximum}(p)$ et $K_{minimum}(p)$ s'échangent lorsqu'on change ce sens de parcours.

Le théorème qui fonde la notion d'espace courbe est le *Theorema Egregium* de Carl Friedrich Gauss. Ce mathématicien, une des grandes figures mathématiques de la fin du XIXᵉ siècle, était professeur à l'université de Göttingen. Il publia ce résultat en 1827 dans les *Disquisitiones generales circa superficies curvas...* (« Discussions générales sur les courbes tracées sur les surfaces... ») mais on sait que Gauss en possédait une démonstration quelque 25 ans plus tôt, ce qui fournit une belle illustration de la devise *Pauca sed matura* de celui que l'on a surnommé le « prince des mathématiciens ». Le *Theorema Egregium* affirme que « le produit de la plus grande valeur de la courbure par la plus petite valeur, c'est-à-dire la quantité $K(p) = K_{maximum}(p) \cdot K_{minimum}(p)$, est intrinsèque », ce qui signifie qu'elle est accessible à des mesures faites sur la surface sans faire appel à aucune construction le long des normales. Ce fait est *a priori* très surprenant vu le cheminement que nous avons suivi pour introduire la courbure. Il dit en effet que l'espace formé par la surface *S* hérite une géométrie propre de l'espace ambiant. Des êtres astreints à ne pas quitter *S*, qui n'auraient donc pas la notion d'une troisième dimension, ne connaîtraient que cette géométrie, qui n'est pas euclidienne.

À l'ombre des nouvelles géométries en fleurs

L'apparition de nouvelles géométries a été le résultat de l'intensification des recherches sur l'axiome des parallèles et d'une maturation considérable des idées géométriques sur la géométrie différentielle (comme les recherches dont nous avons parlé aboutissant au *Theorema Egregium*). Les nouvelles géométries ont été introduites par une démarche particulièrement créatrice, poursuivie de façon indépendante par plusieurs personnes : Nicolas Lobatchevski, un professeur de l'Université de Kazan qui publia en 1835 une *Géométrie imaginaire* et aussi des *Geometrische Untersuchungen der Theorie des Parallellinien* (« Recherches géométriques de la théorie des parallèles »), Janos Bolyai, un jeune officier fils d'un ami de Gauss, Wolfgang Bolyai, dont le travail a été publié comme appendice d'un texte de son père sur la *Science de l'Espace*, et aussi Carl Friedrich Gauss qui, sans arriver à la solution formelle du problème, est certainement celui qui en a le plus clairement perçu toute la portée.

En quoi consiste cette « révolution » ? Avec l'apparition de ces nouvelles géométries ce n'est rien moins que la fin du modèle unique de la géométrie dont il est question, c'est-à-dire la fin d'une époque de plus de deux millénaires !

Comment peut-on se saisir de ces nouvelles idées ? Il est en fait utile de considérer d'emblée, et en parallèle, « trois » géométries modèles.

LA GÉOMÉTRIE EUCLIDIENNE

Nous connaissons bien les triangles, figures emblématiques de la géométrie euclidienne : trois points *A*, *B* et *C* étant donnés, le triangle *ABC* a pour côtés les segments de droites *AB*, *BC* et *CA* ; les angles en *A*, *B* et *C* ont des mesures notées α, β et γ.

Il résulte de l'axiome des parallèles que la somme des angles de tout triangle euclidien vaut exactement deux angles droits, soit 180°, ce qui s'exprime par $\alpha + \beta \supseteq + \gamma = \Pi$ (si on mesure les angles en radians, unité qui a la préférence des mathématiciens). La technique de calcul qui permet de calculer tout ce qu'on souhaite sur les triangles euclidiens est la « trigonométrie ».

LA GÉOMÉTRIE SPHÉRIQUE

Elle avait été développée depuis longtemps par les astronomes qui repèrent la position des étoiles sur la demi-sphère qu'est la voûte céleste mais, jusqu'au début du XIXe siècle, personne n'avait songé à en faire une géométrie en soi, qui aurait pu concurrencer la géométrie euclidienne. Pour cela il faut prendre le point de vue de considérer comme triangle sphérique la figure déterminée par trois points *A*, *B* et *C* dont les côtés sont formés des segments de grands cercles de la sphère joignant ces sommets ; ces arcs de grands cercles déterminent trois angles de mesures α, β et γ comme dans le cas euclidien. Il faut noter que, comme dans le cas euclidien, les côtés d'un triangle sphérique sont les plus courts chemins joignant les sommets : les grands cercles sont les « droites » de cette géométrie. En fait les axiomes de la géométrie euclidienne sont satisfaits par cette géométrie, sauf l'axiome des parallèles puisque toutes les « droites », c'est-à-dire les grands cercles, se recoupent, rendant impossible de trouver une parallèle à une droite donnée passant par un point en dehors de cette droite.

Si on suppose la sphère de rayon 1, la formule fondamentale qui remplace la formule euclidienne classique est
alors α + β + γ = Π + Aire *ABC* (c'est là qu'on voit l'avantage
d'utiliser les radians). Il y a donc un excès angulaire en géométrie sphérique.

Les astronomes avaient élaboré depuis plusieurs siècles une technique de calcul qui permet de généraliser à ce
cadre tous les calculs habituels du plan, qu'on appelle la
« trigonométrie sphérique ».

Comme, par tout point extérieur à une droite (c'est-à-
dire ici un grand cercle), il n'est pas possible de trouver
une droite qui ne recoupe pas la droite donnée car tous les
grands cercles se coupent en des points antipodaux, cette
géométrie ne satisfait évidemment pas à l'axiome des
parallèles. Cela établit de façon non équivoque l'indépendance de l'axiome des parallèles des axiomes précédents.

La géométrie sphérique présente aussi quelques
autres propriétés surprenantes qui méritent qu'on s'y
arrête, dans la mesure où une géométrie de ce type peut
être intéressante dans d'autres situations comme nous le
montrons plus loin. Ainsi mettons-nous en un point de la
sphère qu'on peut considérer comme le pôle nord de la
sphère pour faciliter la discussion, ce qui n'est pas gênant
car dans cette géométrie tous les points sont équivalents.
Que « voit »-on quand on regarde dans toutes les directions
à partir de ce point ? En prenant l'analogie de la propagation de la lumière suivant les plus courts chemins, tous les
rayons lumineux partant du pôle nord vont se recouper au
pôle sud. Cela a pour conséquence que, si on suit le chemin
des rayons lumineux en sens inverse, dans chaque direction arrivant au pôle nord arrive un rayon émanant du pôle
sud, créant donc une « image » de ce point. Il est intéressant de noter que cette « multiplication des images du même
point », phénomène impossible en géométrie euclidienne,
a été exploité par les peintres cubistes comme Picasso et
Delaunay.

LA GÉOMÉTRIE HYPERBOLIQUE

C'est la géométrie introduite par Nicolas Lobatchevski et Janos Bolyai, dont l'apparition a tout changé dans la conception que l'on avait de la géométrie et mis fin au règne sans partage de la géométrie euclidienne. Au moment de son introduction, aucun modèle simple de cette géométrie n'était disponible, ce qui valut à Lobatchevski les critiques les plus acerbes... et les plus stupides. Le mathématicien italien Eugenio Beltrami proposa vers 1868 une façon efficace et naturelle de présenter cette nouvelle géométrie. Il va de soi que ce manque de simplicité des premiers modèles proposés n'a pas facilité sa propagation et sa reconnaissance, alors qu'il ne s'agissait de rien moins que de briser des habitudes millénaires.

Le modèle de Beltrami se présente ainsi. L'espace est l'intérieur d'un disque plan de rayon 1. Les « droites » sont les cercles euclidiens de ce plan qui sont orthogonaux au cercle bord du disque de rayon 1. Les mesures des angles sont les mesures habituelles, alors que les mesures des longueurs ne sont pas les mesures euclidiennes. Un signe évident de cette différence est le fait que le cercle de rayon 1 est à l'infini dans cette espace, c'est-à-dire que les longueurs « hyperboliques » sont dans un rapport de plus en plus grand par rapport aux longueurs euclidiennes lorsqu'on se rapproche du bord. Lorsqu'un sommet d'un triangle, dont deux sommets sont fixés, se rapproche du bord, les côtés issus de ce sommet forment un angle de plus en plus petit, de telle sorte que, si on applique ce processus successivement aux trois sommets, la somme des angles d'un triangle hyperbolique peut être rendue arbitrairement petite, une manifestation extrême du fait qu'elle est toujours inférieure à Π. Comme dans le cas sphérique, le défaut à Π provient aussi de l'aire « hyperbolique » du triangle *ABC*, mais cette fois avec le signe opposé (une trace, comme nous le verrons plus tard, du fait, que cette géométrie est à courbure négative).

Dans cette géométrie, l'axiome des parallèles est aussi violé mais pour une autre raison que dans la géométrie sphérique : par un point pris hors d'une « droite hyperbolique », il existe une infinité de « droites hyperboliques » parallèles, à savoir tous les cercles perpendiculaires au cercle unité dont les intersections avec celui-ci se trouvent sur l'arc délimité par la « droite hyperbolique » donnée du côté du point donné.

Riemann et Ricci-Curbastro

En 1854 Bernhard Riemann fit faire à la géométrie un pas encore plus considérable à l'occasion de sa leçon inaugurale, c'est-à-dire un exposé sur un sujet choisi par le jury seulement quelques semaines avant la soutenance, en fait dans ce cas par Carl Friedrich Gauss. Ce texte ne fut publié qu'après sa mort en 1866 sous le titre *Uber Die Hypothesen, welche der Geometrie zu Grunde liegen* (« Les hypothèses sur lesquelles est fondée la géométrie »). Cette géométrie est appelée aujourd'hui la « géométrie riemannienne ».

L'idée fondamentale, et radicalement nouvelle, due à Bernhard Riemann est d'introduire, pour mesurer la longueur des courbes, une métrique qui dépend du point. Il est encore possible de trouver les substituts des droites : ce sont les « géodésiques », courbes qui réalisent les plus courts chemins pour des points assez proches. Bien que Riemann ait développé implicitement tous les outils que nécessitait cette géométrie, c'est plus de trente ans plus tard que Gregorio Ricci-Curbastro a rendu tous ces outils transparents.

Une des propriétés très importante de la géométrie riemannienne est le fait qu'elle englobe la géométrie euclidienne (le cas où on peut trouver des coordonnées dans lesquelles la métrique est à coefficients constants), mais aussi les géométries sphérique et hyperbolique. L'invariant fondamental introduit par Bernhard Riemann qui mesure la déviation de sa géométrie à la géométrie euclidienne est le « tenseur de courbure de Riemann », un objet mathématique complexe que l'on peut cependant calculer dès que la métrique est donnée explicitement. C'est grâce à cet objet que l'on peut retrouver la courbure sous la forme introduite par Carl Friedrich Gauss. Pour faire le lien, on peut considérer les « cercles » dans une section de cette géométrie à deux dimensions : un cercle est toujours défini comme la figure C_r formée des points à distance r d'un point p (pour r assez petit si on veut être tout à fait rigoureux). La longueur du cercle C_r admet comme développement $2\pi\left(r - \frac{1}{6}K_p\, r^3 + \ldots\right)$, autrement dit la courbure K_p apparaît comme l'écart principal de longueur des cercles entre la valeur euclidienne et la valeur riemannienne (à un coefficient universel près, ici $-\frac{1}{6}$). Cela donne donc aux êtres astreints à vivre sur la surface S auxquels il a été fait allusion auparavant, la possibilité de détecter que leur géométrie n'est pas euclidienne.

La géométrie euclidienne s'identifie localement à la géométrie riemannienne à courbure nulle, et les géométries sphérique et hyperbolique aux géométries riemanniennes à courbure constante, respectivement positive et négative.

La Flexible ou Einstein comblé

Ces nouvelles géométries se sont révélées être le cadre de pensée adapté pour traiter de diverses théories physiques.

Albert Einstein a réussi une telle appropriation pour sa théorie de la relativité générale grâce à des discussions avec Marcel Grossmann, son collègue de l'ETH de Zurich, qui l'a informé de l'existence des travaux de Ricci-Curbastro prolongeant ceux de Riemann. Pour lui, les forces de gravitation ne sont que des effets géométriques liés à la courbure de l'espace-temps provoquée par la présence de masses : la géométrie de l'espace-temps est déterminée par la distribution des champs physiques, via l'équation d'Einstein. Cette équation fondamentale dans la théorie relie la courbure de l'espace-temps au tenseur d'impulsion-énergie qui exprime la physique des interactions autres que la gravitation, comme l'électro-magnétisme ou les forces nucléaires. Dans ce contexte, les plus courts chemins ne sont rien d'autre que les trajectoires des objets en chute libre. Tous les outils développés par Riemann et Ricci-Curbastro trouvent ainsi leur utilisation dans le cadre de la théorie de la relativité générale, montrant la remarquable flexibilité de la géométrie riemannienne.

Des effets physiques que la théorie newtonienne de la gravitation ne prédit pas permettent de tester la théorie d'Einstein. C'est le cas par exemple de la déviation des rayons lumineux par une étoile massive, au voisinage du soleil à l'occasion d'éclipses ou de façon beaucoup plus significative dans le rayonnement des pulsars binaires, des couples d'étoiles très denses. Grâce aux photos prises par Hubble, le nouveau télescope en orbite autour de la Terre, on dispose maintenant d'images de « lentilles gravitation-nelles », c'est-à-dire des images multiples d'une étoile dont les rayons sont passés au voisinage d'un objet très massif (souvent invisible parce que ne rayonnant pas). Cela est une manifestation de zones de l'espace-temps à courbure positive à cause de la présence de masses importantes. C'est une sorte de manifestation astrophysique de la vision cubiste des peintres du début du siècle.

Il est intéressant de noter que des corrections relativistes sont nécessaires pour pousser la précision du système de détection GPS (*Global Positioning System*), qui est pour le moment un peu inférieure à une centaine de mètres, à un niveau supérieur, par exemple quelques millimètres sur une année comme c'est nécessaire pour faire la surveillance des bords des failles dans les zones sismisques.

La Chromatique

Un espace dont l'intérêt a été mentionné dès les premières extensions de la géométrie est l'« espace des couleurs ». En effet il est aujourd'hui devenu banal de dire que toute couleur peut être obtenue par superposition de trois couleurs fondamentales, sans avoir besoin de toute l'information que donne la décomposition de la lumière par le prisme. Plus précisément, si on ne s'intéresse qu'à la qualité de la couleur, toute couleur peut être repérée par deux paramètres (typiquement la proportion de deux couleurs fondamentales), le troisième indiquant l'intensité. L'espace des couleurs apparaît ainsi comme une partie du « plan projectif réel », la version rigoureuse mathématiquement de la perspective des peintres déjà assimilée dès la Renaissance.

Une étape géométrique supplémentaire a été franchie en munissant l'espace des couleurs d'une métrique qui s'appuie sur la perception de la proximité des couleurs, notion qui est malgré tout subjective, comme nous le rappelle des maladies comme le daltonisme, formes extrêmes de déformation de la perception des couleurs. Des savants fameux comme Hermann von Helmholtz ou Erwin Schrödinger ont laissé leur nom à des métriques particulières dont les expressions permettent par exemple de définir des dégradés entre deux couleurs données, tout simplement en se déplaçant le long d'une géodésique associée à une métrique. Cette approche trouve son application dans divers secteurs de l'industrie, de l'imprimerie au secteur automobile (harmonie des couleurs pour l'aménagement intérieur) en passant par l'industrie audiovisuelle.

L'espace courbe ubiquiste

Dans les trente dernières années se sont multipliées les occasions d'utiliser des modèles géométriques ou de les généraliser, ce qui nous permet de dire qu'aujourd'hui on retrouve les espaces courbes un peu partout.

En physique des solides par exemple, notamment dans l'étude des semi-conducteurs, le rôle joué par les défauts a conduit à introduire le concept de « cristal frustré ». Il s'agit de rendre compte de la présence de défauts dans un substrat cristallin en utilisant un langage géométrique : un atome de trop déforme la maille du cristal et le fait se comporter comme un espace à courbure positive, alors qu'un atome manquant le fait au contraire se comporter comme un espace à courbure négative. Diverses considérations topologiques, reliant la courbure à la forme totale de l'espace due à Gauss, Ocian Bonnet et Henri Poincaré, permettent alors de relier la densité des défauts à des paramètres globaux du cristal.

Les espaces lisses se sont révélés un cadre de travail trop rigide tant pour des raisons mathématiques qu'à des fins de modélisation. Pensez par exemple aux modèles discrets de surfaces qu'utilisent de façon constante les ordinateurs, machines qui ne peuvent manipuler les données qu'en nombre fini. L'extension de la géométrie dans cette direction a été accomplie dans la seconde moitié du XXe siècle et les noms d'Alexander Danilovich Alexandrov et de Misha Gromov y sont notamment associés. En fait, la partie la plus subtile de ces travaux concerne les hypothèses les plus faibles qu'il faut mettre sur une géométrie pour qu'on dispose encore du concept de courbure. Il est intéressant de constater que c'est en revenant au contrôle des mesures des triangles que cette démarche est finalement couronnée de succès. Il est possible aujourd'hui de parler de la courbure d'un graphe métrique, c'est-à-dire un graphe dont les arêtes ont été munies d'une longueur. Des exemples particulièrement intéressants de graphes sont fournis par les réseaux informatiques, comme Internet. La redondance dans ces réseaux est en relation directe avec la présence de zones à courbure positive. Or la redondance garantit la robustesse, c'est-à-dire une moindre fragilité en cas de perte d'une liaison.

Une étude de la complexité d'un système peut être conduite en liaison avec ses propriétés de courbure (si tant est qu'on puisse la définir). Les systèmes à courbure négative sont connus pour leur comportement ergodique, et par suite pour leur capacité à engendrer une grande complexité et à contenir une très grande quantité d'informations (en fait croissant exponentiellement avec le nombre de sites). Ces outils devraient se révéler aussi pertinents pour étudier les problèmes posés par la quantité gigantesque de données collectées dans le cadre du séquençage du génome. Nous touchons là à un autre domaine dans lequel le besoin du recours à des concepts mathématiques se fait sentir de façon pressante. Les espaces courbes devraient être, sous une forme ou sous une autre, de la partie.

Épilogue

En conclusion, cette promenade dans les espaces courbes a permis de mettre en évidence que :

— Les mathématiques sont *créatrices de concepts* (ici la courbure).

— Les mathématiques sont des *réservoirs de modèles* (ici les géométries).

— Les mathématiques sont *génératrices de questions* (ici la question de l'indépendance de l'axiome des parallèles).

— Mais aussi qu'elles sont *immergées dans la société* (voir les exemples cités dans le texte).

L'anneau fractal de l'art à l'art à travers la géométrie, la finance et les sciences

par Benoît Mandelbrot

La géométrie fractale n'est pas vieille, puisque je n'en ai eu l'idée que peu avant 1975. Son domaine s'étendant et les résistances s'effaçant, on voit que l'idée sous-jacente vient spontanément aux humains, et qu'une intuition de la fractalité a fait partie du patrimoine de l'humanité, en Afrique et en Asie autant qu'en Europe.

On pense aux sorciers et aux fées quand une idée en apparence insignifiante se met soudain à déverser des conséquences variées et importantes. Pour introduire et faire comprendre les fractales, demandons-nous donc si un objet géométrique peut prendre la même forme, qu'on l'examine de près ou de loin. Cette propriété fut récemment baptisée auto-similarité. Elle semble d'une parfaite insipidité, mais c'est la graine d'une floraison de développements constituant toute une géométrie. Insipidité est également le terme approprié pour dénoter la droite et le plan idéaux, qui sont des exemples d'auto-similarité connus de tout le monde. En revanche, la sphère n'est pas auto-similaire ; quand on la regarde de près, en étant dessus, elle paraît plate ; de loin, comme tout objet borne, elle paraît ponctuelle.

Il y a cent ans, de 1875 à 1925, des mathématiciens perspicaces prirent conscience d'une poignée de curiosités

Texte de la 180e conférence de l'Université de tous les savoirs donnée le 28 juin 2000.

ou de monstres, objets qu'ils présentèrent comme nouveaux, sans contrepartie dans la nature et contredisant l'intuition géométrique. Certains de ces objets étaient autosimilaires, car cette qualité les rendait plus faciles à décrire. Beaucoup plus tard, j'allais les séparer des autres curiosités en question, vouer ma vie scientifique à leur étude, et les baptiser « fractales ». On en voit un exemple dans la partie « géométrique » de l'illustration qui accompagne ce texte. Cette chronique brossera à grands traits chacune des trois grandes étapes récentes de l'étude des fractales.

En premier lieu, surprise absolue et le plus grand bonheur intellectuel de ma vie, je reconnus à ces monstres un autre rôle tout à fait nouveau. On les qualifiait imprudemment d'« exceptionnels ». Je montrai, tout au contraire, que la fractalité n'est pas loin d'être la règle dans la nature. Selon le cas, elle ne concerne que des détails ou touche à l'essentiel.

Cette thèse osée et interdisciplinaire provoquant l'incrédulité, il faut la préciser et la rendre « naturelle ». Le point essentiel est que la droite et le plan sont parfaitement lisses, mais en règle presque générale les choses sont loin de cet idéal : non pas lisses mais rugueuses dans le détail ou dans l'essentiel.

Songeons maintenant à l'ensemble des messages que nous recevons de nos sens. Ceux de la vue et l'ouïe, considérés comme raffinés, se trouvent également avoir été le plus tôt et le mieux explorés ; c'est peut-être une façon de constater qu'ils étaient (très relativement parlant !) les plus faciles à explorer.

À l'autre extrême, le sens du lisse ou du rugueux restait en dehors des sciences. Il appartenait au monde de la mécanique pratique des frottements dont les ingénieurs cherchent à se débarrasser. Il semblait impossible d'en extirper un quelconque concept. Les questions que posait la rugosité n'étaient pas sottes, mais inabordables. Faute de mieux, elles ne recevaient que des réponses évasives et inadéquates. Par exemple, songez donc aux questions incontournables que voici :

— Comment mesurer la rugosité ou volatilité des chroniques boursières, ne serait-ce que pour pouvoir évaluer les risques financiers de façon réaliste ?

— Comment mesurer la côte de la Bretagne ?

— Comment caractériser la forme d'une côte, d'une rivière, d'une ligne de partage des eaux, ou de la frontière d'un bassin d'attraction dans le contexte de l'hydraulique, mais aussi des systèmes dynamiques ?

— Comment définir la vitesse du vent en plein orage ?

— Comment mesurer et comparer les rugosités d'objets communs, tels qu'une pierre cassée, un talus, une montagne, ou un bout de fer rouillé ?

— Quelle est la forme d'un nuage, d'une flamme ou d'une soudure ?

— Quelle est la densité des galaxies dans l'Univers ?

— Comment varie l'activité sur le réseau Internet ?

À toutes ces questions (ou fragments de questions) c'est la géométrie fractale (continuée par la multifractale) qui allait apporter les premières réponses satisfaisantes. Dans chaque cas, les réponses se fondent sur la qualité — elle-même surprenante — que la rugosité se trouve souvent être fractale. Dans beaucoup de phénomènes naturels ou créations de l'Homme (telles que la Bourse ou Internet), cela permit à la géométrie fractale de devenir la rampe de lancement de la première théorie du rugueux « simple ».

Pour résumer, et apaiser toute inquiétude que les fractales auraient pu susciter, cette nouvelle géométrie, je la fis naître de l'union entre une certaine mathématique ésotérique et le plus grossier de nos sens. Elle dura, fructifia, s'imposa et ne manquera jamais de problèmes à traiter. De plus, son domaine s'étendit, d'abord à l'aval puis à l'amont de mes travaux scientifiques.

À l'aval, elle conduisit à un deuxième étonnement absolu, cette fois esthétique. Les nouvelles images fractales, fruits sans nombre de ce qui avait d'abord paru une mésalliance, et dont l'accouchement se fit dans un centre informatique, furent de plus en plus largement perçues comme belles ou tout au moins hautement décoratives. L'ensemble de Mandelbrot vient inévitablement à l'esprit.

Une formule ancienne, paraissant d'une parfaite insipidité, se révéla la source d'images fantastiques qu'on voit désormais partout, à tel point qu'elles se fondent dans l'univers visuel de l'humanité. Elles ne vont pas subir le sort commun des modes. Selon la belle expression de mon ami, le regretté Marcel-Paul Schutzenberger, elles marquent un nouveau style.

L'aval de la géométrie fractale s'ajoutant désormais à son étrange interdisciplinarité, l'incrédulité renaît sous une forme plus forte encore. La géométrie fractale jouant à la fois tant de rôles divers, comment se fait-il qu'elle n'ait que vingt-cinq ans d'âge ? Que les premières « protofractales » n'en aient que cent ?

Avoir déclenché tout cela (la chance d'être l'homme qu'il fallait, quand il fallait et où il fallait) est un privilège merveilleux qui doit être accepté avec humilité. Dès mon livre de 1975, et surtout le livre anglais de 1982, la géométrie fractale s'est littéralement et tout à fait spontanément envolée. Mais je n'ai jamais eu la présomption d'avoir « inventé » tout cela *ex nihilo*. Tout au contraire, je cherchais des précurseurs (Gustave Eiffel ?) dont je me plaisais à citer des phrases sans suite, mais parmi eux aucun ne pouvait être perçu comme ultime « inventeur ». Quelle corde sensible de l'humanité avait-elle donc attendu que je la fasse résonner ?

Résolvant ce grand mystère, une troisième surprise apparut et se plaça à l'amont de mes travaux. Mes ouvrages me valurent beaucoup de lecteurs de tous bords et un courrier abondant plein de variété et d'enseignements. Voici ce qui en ressort. Dans l'histoire des fractales, la période 1875-1925 reste un moment fort, spécialisé et trompeur. Mais il semble bien que l'on ne puisse identifier quelque commencement que ce soit.

Précisons que les fractales sont des formes telles que, indépendamment des sens que l'on donne aux mots, le détail reproduit la partie et la partie reproduit le tout. Pour s'en assurer, divers procédés commencent par tracer les grandes lignes d'une figure, puis utilisent un générateur pour ajouter des détails de plus en plus petits. Il est donc essentiel d'avoir une progression sans fin, idée familière aux théologiens. Dans le bouddhisme zen, on trouve le thème (repris par Leibniz) de la goutte de rosée dans laquelle est incluse en miniature tout une réplique du monde, y compris des gouttes de rosée et ainsi de suite à l'infini. Cette théologie de la goutte d'eau trouve un écho dans de nombreux mandalas tibétains, avec leur bouddhas de toutes tailles, et on l'aperçoit aussi dans la Grande Vague du peintre Hokusai.

Pour changer de continent et de métier, le thème du générateur répété se trouve dans l'univers de Kant (fait de galaxies groupées en amas, super amas et ainsi de suite sans fin), dans les célèbres dessins de « fontaines » de Léonard de Vinci, avec leurs tourbillons superposés, dans l'Ange de Gustave Doré, fait d'anges plus petits, sans parler du visage de la mort de Salvador Dali.

Pour changer encore de continent, on nous a récemment appris que l'art de nombreuses nations africaines regorge de fractales d'une subtilité pleine de signification car objets de tradition.

Passant aux écrits de peintres, quoi de plus beau que ces mots d'Eugène Delacroix : « Swedenborg prétend, dans sa théorie de la nature,... que les poumons se composent d'un nombre de petits poumons, le foie de petits foies, la rate de petites rates, etc.

« Sans être un aussi grand observateur, je me suis aperçu, il y a longtemps de cette vérité : j'ai dit souvent que les branches de l'arbre étaient elles-mêmes de petits arbres complets ; des fragments de rochers sont semblables à des masses de rochers, des particules de terre à des amas énormes de terre. Je suis persuadé qu'on trouverait en quantité de ces analogies. Une plume est composée d'un million de plumes. »

Arrêtons-nous sur Swedenborg, dont les mots allaient être cités par Emerson. Il ne brillait pas par ses connaissances en biologie mais son intuition que le monde est ainsi fait partait d'observations authentiques. C'est ainsi que Delacroix aurait moins fait tiquer s'il avait choisi le chou-fleur. Il ne s'agit donc pas ici de validité scientifique ;

cependant son opinion fausse mérite d'être citée, car elle attire l'attention sur un fait patent : l'idée d'emboîtement auto-similaire vient spontanément aux humains, et l'intuition de fractalité a toujours fait partie du patrimoine de l'humanité, en Asie et en Afrique aussi bien qu'en Europe.

Un bipède sans plumes n'est devenu homme qu'après avoir conquis le feu et les condiments et avoir décoré son corps, sa demeure et son temple. Au cours des millénaires, ses motifs décoratifs s'affinèrent.

Certains — bâtisses, broches et colliers — aidèrent à la naissance de la géométrie qui allait être codifiée par Euclide et beaucoup plus tard devenir l'outil essentiel de maintes sciences.

D'autres éléments décoratifs furent laissés de côté, puis se déguisèrent pour participer à une révolution anti-euclidienne en mathématiques et enfin donnèrent une forme à des objets que la vieille géométrie et les sciences étaient forcées de laisser de côté comme « amorphes », c'est-à-dire sans aucune forme qui aurait permis l'analyse de la nature et sa synthèse.

Ayant ainsi traversé plusieurs territoires du savoir désintéressé ou pratique, avec des pointes vers les arts, l'aval et l'amont de l'œuvre d'une vie viennent de se refermer devant nos yeux en un anneau fractal. Parti il y a très très longtemps de l'art, un long périple confus est désormais revenu à son origine.

S'il n'existait pas dans la nature, le chou-fleur variété *romanesco* aurait dû être inventé par un fractaliste. Parmi les objets de tous les jours, c'est la meilleure illustration qui soit du concept de surface rugueuse mais riche en invariances *(Fig. 1)*.

Le chou-fleur qu'on récolte entier est fait d'inflorescences dont chacune est un petit chou-fleur, lui-même subdivisé en choux-fleurs encore plus petits, et ainsi de suite. On peut suivre la subdivision à l'œil nu, puis à la loupe, et au microscope. Le concept ainsi illustré est une invariance appelée auto-similarité, dont une généralisation caractérise les fractales. Le brocoli aidant, on peut imaginer que, implicitement, ce concept remonte au Déluge. Cependant,

Figure 1 – Le chou-fleur et le concept d'auto-similarité.

ce n'est que récemment qu'il n'a été formalisé et ses conséquences n'ont été explorées.

La valeur gastronomique du chou-fleur se mesure aux
poids et volume, mais combien donc mesure sa surface ?
Cela rappelle une question déjà classique : « Combien
mesure la côte de la Bretagne ? », avec une nuance de plus.

Les bifurcations des tiges conservent en gros l'aire de
la section transversale. Mais si on remonte en partant de
la racine, ladite section s'éparpille en boucles de plus en
plus nombreuses et de plus en plus petites. Donc le périmètre de la section ne cesse d'augmenter. Et de même, le
périmètre total des tiges ne cesse d'augmenter quand on
s'approche de leurs pointes. En théorie, il devient infini, en
pratique, il dépend de la finesse de l'analyse.

Autre thème fractal : si le chou-fleur bien tassé ne
laisse pas la pluie passer entre les inflorescences, on peut
distinguer au sein de la surface totale la partie sur laquelle
il pleut. L'aire de cette dernière est infinie, elle aussi, mais
(pour paraphraser George Orwell), l'est moins que l'est la
surface totale.

Quand j'étais étudiant, les mathématiciens ensei-
gnaient que les surfaces d'aire infinie étaient leur invention. Voire ! Il semblait plutôt que c'étaient les plans et les
sphères qui avaient été inventés par des artisans de toute
sorte. La nature, elle, nous offre bien peu de sphères et
beaucoup d'objets rugueux, y compris diverses arborescen-
ces : les arbres, ainsi que les intérieurs des poumons, des
reins et du foie. Rien de surprenant à tout cela : ces arbo-
rescences résultent de bourgeonnements successifs, et l'auto-
similarité suggère de la part de la nature une économie de
moyens qui est remarquable mais… « naturelle ».

Il n'existe aucun rapport entre les fractales et les
« poupées russes » qui s'emboîtent en gigogne, de façon
que chacune en contienne une plus petite. La plus menue
l'est autant que le permettent l'habileté et la sécurité du
propriétaire. Si la matière avait été continue, on aurait pu
imaginer des poupées convergeant par approximations
successives vers un point isolé. Les mathématiciens aiment
penser à un point comme la limite de domaines emboîtés
de plus en plus petits : les poupées russes n'apportent donc
rien de nouveau à la notion *(Fig. 2)*.

Pour passer aux fractales, supposons que chaque poupée en contienne, non pas une, mais trois. Pour simplifier,
donnons leur la forme de prismes de hauteur fixe et dont
les bases sont des triangles équilatéraux. La base de la
grande poupée est le petit diagramme à gauche. On y
emboîtera trois poupées, chacune deux fois plus fine,
comme dans le deuxième diagramme. Appelons-les H (en
haut), G (à gauche), et D (à droite). Puis on recommencera,
obtenant 9 et 27 poupées, et ainsi de suite. Deux suites
différentes de longueur 5, écrites avec des lettres H, G et D
définissent des poupées différentes du cinquième ordre.
Tout discours infiniment long forme des lettres H, G et D,
et définit une poupée filiforme. À la limite, les bases de ces
poupées se fondent en une courbe faite d'une infinité de
boucles, auto-similaire, donc fractale. Cette courbe a une
longue histoire en décoration, mais j'ai trouvé amusant de
l'appeler « tapis de Sierpinsky ». L'idée était familière à

Figure 2 – Poupées prismatiques et une fractale ramifiée.

Salvador Dali, dont on connaît la peinture du *visage de la Mort*.

Un dessin moins amusant serre non plus trois, mais quatre poupées prismatiques : la poupée prismatique initiale se remplissant complètement. Avec seulement les deux poupées G et D, la limite se réduirait au côté le plus bas de la poupée la plus grande. Donc on peut considérer le tapis comme une « chimère » contenue entre le point (dimension 1) et le triangle (dimension 2). On a des bonnes raisons de dire que la dimension fractale du tapis est 1,5849 ; c'est le rapport des logarithmes de 3 (nombre de poupées) et de 2 (rapport de réduction d'une poupée à ses composantes).

L'ivrogne, ayant perdu sa clef, part au hasard à sa recherche *(Fig. 3)*. Sans jamais se rappeler d'où il vient, il

Figure 3 – L'amas brownien ou île de l'ivrogne.

« randonne », puis, miracle, la retrouve. Le chemin qu'il a parcouru est représenté par un gribouillis qui, tel quel, n'aurait rien dit d'intéressant à personne. Pour pouvoir réellement examiner sa structure, j'ai fait que les points qu'il a contourné sans les traverser soient colorés en gris. Ainsi assisté, le gribouillis se transforme soudain en une île dont la côte serait aussi rugueuse dans le petit que dans le très petit, donc fractale. C'est d'ailleurs le moyen le plus simple qui soit pour construire un exemple d'une telle côte. Notons aussi que les côtes des îles géographiques sont fractales *(Fig. 3)*. Ayant pris l'habitude de les examiner et d'estimer à l'œil les dimensions fractales qui en mesurent la rugosité, j'ai aussitôt pensé à la dimension 4/3. Puis je l'ai vérifiée numériquement et l'ai formalisé en une conjecture mathématique. Vingt ans plus tard, couronnant maints efforts héroïques, dont ceux de B. Duplantier, la preuve vient d'être donnée par G. W. Lawler, O. Schram et W. Werner. L'œil serait-il en train de reprendre son vieux rôle stimulant en mathématiques dites pures ?

Imaginons que des cellules de corail cherchent à s'attacher à un corail déjà établi, mais soient réduites pour ce faire à effectuer une randonnée d'ivrogne. C'est à cela que revient un processus physique que le problème des dépôts de carbone dans les moteurs diesel suggéra à T. Witten et L. Sander. Ce processus paraît insipide, mais à la surprise générale son BUG s'avéra, à l'ordinateur, être d'une complexité magique. Une fois de plus, le très simple engendre le très complexe. Ces dendrites dites d'ADL ont beaucoup appris aux sciences en unifiant d'innombrables configurations disparates *(Fig. 4)*. Mais les efforts des meilleurs mathématiciens et physiciens n'ont pas encore réussi à les dominer. Les grandes conjectures ne cessent de s'améliorer avec l'âge.

L'homme qui a « vaincu » le Mont Cernin, Edward Whymper, allait observer que les fragments de roche ressemblent aux structures dont on les avait détachés, les mêmes forces donnant leur forme au tout et aux parties. L'observation doit remonter au Déluge et bien avant qu'on me fasse connaître Whymper, je l'ai exprimée, en ajoutant aussi peu du mien que possible, en une formule très simple, directement programmable sur ordinateur. La *figure 5* (voir hors-texte) présente trois reliefs fractals tout à fait synthétiques dus à R. F. Voss. Ils proviennent de la même formule générale, mais diffèrent par la valeur d'un paramètre. De haut en bas, la fameuse dimension fractale est 2,2, 2,3 et 2,8. Or ils sont perçus comme étant de rugosités différentes. La comparaison démontre que ledit paramètre trouvé dans l'ésotérique mathématique, est une première mesure intrinsèque de la rugosité. Avant la géométrie fractale, cette notion très naturelle était impossible à mesurer.

L'affirmation dans le titre est bien vraie quand on essaie de faire la liste de ses propriétés innombrables et étonnantes. Mais « complexité » est une notion que nul n'a vraiment réussi à mesurer. Et la « clef » qui suffit pour nous livrer l'ensemble de Mandelbrot est, tout au contraire, d'une simplicité spartiate. Un seul petit pas mène de l'insipide au magique. Dans la formule-clef, l'ingrédient actif

Figure 4 – Les coraux fractals de l'ADL.

(comme disent les médecins) est la petite formule $z \times z + c$. Pour le numérophobe, seule compte sa brièveté. Mais tous les programmeurs savent aujourd'hui ce que veut dire l'itération à partir de $c = 0$. Partant d'un nombre complexe, c'est-à-dire d'un point c (on ne perd rien en prenant c dans un cercle de rayon 2 autour de l'origine) on forme c, puis $c \times c + c$, puis $(c \times c + c)$, $(c \times c + c) + c$, etc. Au bout de (disons) 1 000 répétitions, on vérifie si l'on n'est pas encore sorti d'un cercle de rayon (disons) 10. Si tel est le cas, on a établi que c se situe dans l'ensemble de Mandelbrot *(Fig. 6)*.

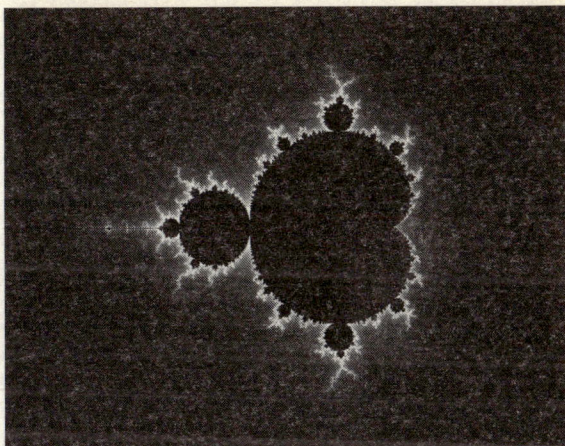

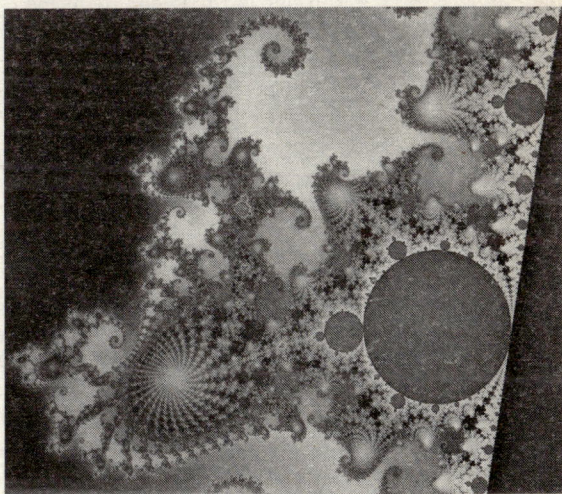

Figure 6 – *L'ensemble de Mandelbrot serait-il l'objet mathématique le plus complexe qui soit ?*

En 1979-80, j'ai parcouru cet ensemble sur ordinateur, l'examinant avec passion et toute l'intensité que permettaient les moyens primitifs de l'époque. Je constatai divers « faits » expérimentaux que je traduisis en conjectures mathématiques. L'un fut démontré en six mois par A. Douady et J. Hubbard qui ont donné mon nom audit ensemble. D'autres ont pris cinq et dix ans, et ma première observation est devenue une conjecture mathématique célèbre. Elle est là, beaucoup ont tenté de l'escalader et nul n'a encore réussi.

Des hommes se comptant peut-être déjà en millions ont désormais répété cette même démarche et remplissent Internet d'images de « mon ensemble ». À la stupéfaction initiale succède toujours la soif irrésistible d'en voir et savoir plus. Puis la satiété vient et apporte une impression curieuse de « déjà vu ».

L'origine technique de cet ensemble paraît désormais moins importante que son pouvoir magique (le terme est inévitable) d'avoir identifié et de faire résonner une certaine corde sensible commune à l'humanité.

RÉFÉRENCES

– *Les objets fractals : forme, hasard et dimension*, 4ᵉ édition, Paris, Flammarion (Collection Champs), 1995.
– *Fractales, hasard et finance*, Paris, Flammarion (Collection Champs), 1997.
– *The Fractal Geometry of Nature*, New York, W. H. Freeman and Company, 1982.
– *Fractals and Scaling in Finance, Discontinuity, Concentration, Risk*, New York, Springer, 1997.
– *Multifractals and 1/f Noise, Wild Self-affinity in Physics*, New York, Springer. 1999.
– *Gaussian Self-Affinity and Fractals: Globality, the Earth, 1/f, and R/S*, New York, Springer, 2000.

Géométrie non-commutative

---

par Alain Connes

Nos concepts géométriques ont évolué à partir de la découverte des géométries non euclidiennes. La découverte de la mécanique quantique et de la non-commutativité des coordonnées sur l'espace des phases d'un système atomique entraîne une évolution aussi profonde des concepts géométriques vers une nouvelle géométrie qui s'appelle la géométrie non-commutative. Mon but est de donner une introduction à cette théorie sans entrer dans les détails techniques.

Je vais commencer par parler de géométrie euclidienne et d'un fameux théorème de mathématiques dû à un mathématicien anglais, Franck Morley, vers la fin du XIXe siècle.

L'énoncé précis du théorème est le suivant : on part d'un triangle quelconque *ABC*. On divise chacun de ses angles en trois parties égales. On obtient en intersectant les trisecteurs consécutifs trois points α β γ *(Fig. 1)*. L'énoncé du théorème de Morley est :

Théorème 1
Le triangle α β γ est un triangle équilatéral

C'est un résultat simple et très attrayant, et de plus inconnu des Grecs, ce qui est rare, car il est très difficile de

---

Texte de la 181e conférence de l'Université de tous les savoirs donnée le 29 juin 2000.

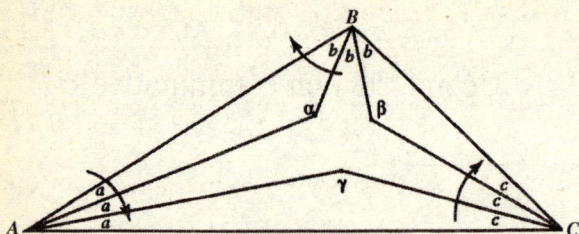

Figure 1

trouver des résultats que les Grecs ne connaissaient pas sur la géométrie du triangle.

Le triangle *ABC* dont on part est arbitraire et ne possède donc aucune symétrie ce qui rend d'autant plus étonnant que l'on obtient automatiquement un triangle équilatéral par cette construction.

Ce résultat géométrique se perçoit directement par les aires visuelles du cerveau et même si l'on n'en connaît pas la démonstration, on peut en comprendre l'énoncé de manière directe grâce à la richesse de la perception visuelle. On peut en donner une démonstration géométrique simple qui consiste à partir d'un triangle équilatère $\alpha\beta\gamma$ et à reconstruire un triangle quelconque *ABC*, mais cette démonstration reste artificielle.

Maintenant je vais présenter un autre théorème de nature totalement différente. Au lieu de faire appel aux aires visuelles du cerveau il fait appel aux aires du langage. C'est un résultat d'algèbre. L'énoncé dont je vais parler est valable pour tout corps*. C'est donc un énoncé simple à démontrer (plus un énoncé est général, plus il est simple à

---

* Qu'est-ce qu'un corps ? C'est un ensemble de nombres que l'on peut additionner, multiplier et dans lequel tout élément non nul a un inverse de sorte que les règles familières du calcul sont valables. On pense bien sûr aux nombres rationnels, mais il y a bien d'autres exemples de corps comme le corps à deux éléments ou le corps des nombres complexes.

démontrer car le nombre d'hypothèses que l'on doit utiliser est d'autant plus restreint). Soit k un corps, et soit f, g et h trois éléments du groupe* G des transformations affines du corps, c'est-à-dire des applications de k dans k de la forme $x \to ax + b$.

Théorème 2,
Les deux égalités suivantes sont équivalentes :
i) $f^3 g^3 h^3 = 1$
ii) $j^3 = 1$ *et* $\alpha + j\beta + j^2\gamma = 0$

On note j le scalaire « a » correspondant à fgh et α, β, γ les points fixes de fg, gh et hf. (On doit supposer que fgh, fg, gh et hf ne sont pas des translations.)

Si l'on compare les deux théorèmes ci-dessus, l'énoncé géométrique du théorème de Morley et l'énoncé algébrique du théorème 2, ce qui frappe c'est que le deuxième énoncé est beaucoup plus facile à démontrer que le premier. En effet, il suffit d'un calcul simple pour vérifier l'équivalence entre les équations i) et ii) du théorème 2. On peut donner le théorème 2 à démontrer à un élève de terminale qui doit être capable d'en faire la démonstration car il s'agit d'une simple vérification. D'un côté, vous avez un résultat géométrique qui est simple à appréhender, de l'autre côté vous avez un résultat algébrique qui fait appel à des manipulations élémentaires. La raison pour laquelle j'ai choisi de juxtaposer ces deux résultats de natures si différentes, c'est d'abord pour bien mettre en évidence cette dualité entre deux manières de fonctionner pour un mathématicien, la manière géométrique et la manière algébrique. En fait, le théorème 2 implique immédiatement le théorème de Morley et en donne une démonstration conceptuelle au sens où celle-ci continue à marcher dans un cadre beaucoup plus général que celui de la géométrie euclidienne.

---

* Dire qu'il s'agit d'un groupe c'est dire que quand on compose deux telles transformations on en obtient une troisième. La composition des transformations s'obtient en effectuant le produit des matrices.

Pour comprendre l'implication « théorème 2 implique théorème 1 », il suffit de prendre pour corps k celui des nombres complexes et d'associer à un triangle ABC les trois rotations f, g, h autour des trois sommets du triangle et dont les angles sont les deux tiers des angles au sommet. Il est immédiat *(Fig. 1)* que le produit des cubes $f^3g^3h^3$ est égal à 1, car f^3 par exemple est le produit de deux symétries par rapport aux côtés de l'angle en A de sorte que ces symétries se simplifient deux à deux. Il résulte donc du théorème 2 que l'on a $\alpha + j\beta + j^2\gamma = 0$ où α, β, γ sont les points fixes de fg, gh et hf. Mais il est clair que α, β, γ sont les sommets du petit triangle de Morley et ce triangle est donc équilatéral car la condition $\alpha + j\beta + j^2\gamma = 0$ est une caractérisation bien connue des triangles équilatéraux.

C'est exactement ce procédé de traduction entre d'un côté les aires géométriques et de l'autre côté les aires du langage, c'est-à-dire l'algèbre, qui est la base de tout ce que je vais expliquer.

Passons maintenant à la géométrie non euclidienne. Il y a un modèle de la géométrie non euclidienne dû à Klein qui est parfaitement simple *(Fig. 2)*. Dans ce modèle-là, les points de la géométrie sont les points du plan qui sont à l'intérieur d'une ellipse. On exclut tous les points qui sont à l'extérieur de l'ellipse. Les droites sont les intersections des droites ordinaires avec l'intérieur de l'ellipse. Maintenant, il est évident dans ce modèle que le 5e postulat d'Euclide n'est pas valable. En effet, par un point extérieur à une droite (par exemple le point O de la figure) on peut faire passer plusieurs parallèles à une droite donnée (la droite AB de la figure). Bien entendu se donner les points et les droites ne suffit pas pour spécifier la géométrie. Il faut pour cela spécifier la congruence entre deux segments AB et CD, ou plus simplement spécifier la longueur d'un segment AB. En l'occurrence, dans le modèle de Klein, cette longueur est donnée par le logarithme du bi-rapport des quatre points A, B, a, b, où a et b sont les points d'intersection de la droite AB avec l'ellipse, on spécifie de manière analogue les angles entre deux droites L et L'.

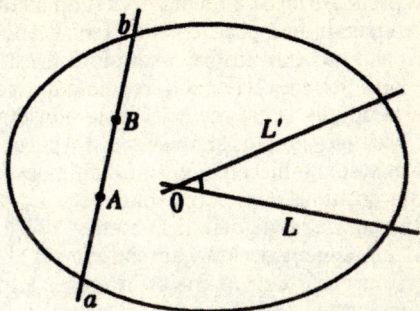

Figure 2

Tous les axiomes d'Euclide sont vérifiés par cette géométrie sauf le 5e axiome de l'unique parallèle à une droite donnée passant par un point donné. Au départ, lorsque Gauss avait fait cette découverte, il ne l'avait pas publiée pensant peut-être qu'il s'agissait plus d'un contre-exemple ésotérique que d'un objet mathématiquement intéressant. Il s'agissait en fait d'un objet d'une très grande richesse et fécondité, qui a conduit les mathématiciens à sortir du cadre traditionnel de la géométrie euclidienne. Cette nouvelle géométrie a engendré deux directions conceptuelles. La première direction est basée sur les symétries et les groupes de Lie, formalisée dans le programme d'Erlangen de Félix Klein. Elle attribue la beauté de la géométrie non euclidienne à l'existence d'un groupe de symétries qui permet de déplacer arbitrairement une figure rigide. En l'occurrence dans le modèle de Klein ce groupe est le groupe des transformations projectives du plan qui préservent l'ellipse.

En fait, Riemann a proposé un point de vue totalement différent. Il s'est attaché à considérer des espaces plus généraux, dans lesquels les mouvements d'un corps rigide ne sont pas nécessairement possibles. En général, par exemple, dans la géométrie de Riemann on ne peut pas

déplacer un triangle sans en déformer les longueurs et les
angles. La première idée de Riemann c'est qu'il fallait comprendre ce qu'était un espace, dans un sens beaucoup plus
large que celui qui était utilisé jusqu'alors. C'est ce qui a
engendré la notion de variété différentielle qui permet de
modéliser la notion de grandeur variable pluridimension-
nelle. Les exemples les plus simples sont l'espace des paramètres d'un système mécanique, l'ensemble des couleurs,
l'espace des positions d'un corps solide, etc. La deuxième
idée de Riemann c'est de définir la mesure des longueurs
à partir d'un élément de longueur infinitésimal qui, lui,
peut être transporté d'un point à un autre. Exprimé en
coordonnées locales, cet élément de longueur ds admet une
expression de la forme :

$$ds^2 = g_{\mu\nu}dx^\mu dx^\nu$$

Une des grandes victoires du point de vue de Riemann
sur celui de Klein, due à la flexibilité considérable dans le
choix des $g_{\mu\nu}$, c'est le rôle qu'elle joue dans la relativité générale d'Einstein. On peut facilement comprendre pourquoi
la flexibilité introduite grâce à l'arbitraire du choix des $g_{\mu\nu}$
(ce qui en général rend le déplacement d'un corps rigide
impossible) permet un contact direct avec les lois de la
physique. En effet, parmi les concepts de la géométrie
euclidienne qui s'adaptent facilement au cas riemannien,
le plus simple est celui de droite. L'analogue d'une droite
dans la géométrie de Riemann s'appelle une géodésique et
est déterminée par une équation différentielle du second
ordre :

$$d^2x^\mu/dt^2 = -1/2\, g^{\mu\alpha}\, (g_{\alpha\nu,\rho} + g_{\alpha\rho,\,\nu} - g_{\nu\rho,\alpha})\, dx^\nu/dt\, dx^\rho/dt$$

Un des moteurs de la relativité générale, antérieur à
la découverte des équations d'Einstein, est l'identité entre
l'équation des géodésiques et l'équation de Newton de la
chute des corps dans un potentiel V. Ainsi, si dans la métrique de l'espace-temps de Minkowski, qui modélise la relativité restreinte on remplace le coefficient du temps dt^2 en
lui rajoutant le potentiel newtonien, l'équation des géodésiques devient comme par miracle l'équation de Newton.
Ainsi, en altérant non la mesure des longueurs mais la
manière dont le temps s'écoule, on peut modéliser la chute

des corps par des « droites » de l'espace-temps et résumer à la fois le principe d'équivalence et l'incroyable fécondité de la généralisation de la géométrie obtenue par Riemann.

Ce rôle majeur de la théorie de Riemann dans le développement de la relativité générale fait des $g_{\mu\nu}$ le pain quotidien des physiciens de la relativité générale, ce qui me rappelle une petite anecdote sur le physicien Richard Feynman :

Il était invité à une conférence à Chicago sur la relativité générale. Mais en arrivant à l'aéroport le jour même de son exposé, il réalisa que comme beaucoup de gens distraits, il avait oublié les papiers indiquant le lieu de la conférence. Il demanda à un taxi de le conduire à l'université mais le chauffeur lui expliqua qu'il y en avait plusieurs. Il dit « la plus proche » mais on lui expliqua qu'il y en avait deux, très éloignées de l'aéroport et dans des directions opposées ! Il eut alors l'idée suivante, sachant que d'autres participants arrivaient le même jour, il parcourut la file de taxis en demandant à chacun des chauffeurs de taxi s'il avait conduit récemment des gens qui n'arrêtaient pas de dire « gémunu, gémunu, gémunu ». Il en a finalement trouvé un ! et lui a demandé de le conduire au même endroit.

Mais revenons à des choses sérieuses, il convient de citer explicitement le texte de Riemann pour bien comprendre à quel point celui-ci était conscient à la fois du lien entre les concepts qu'il développaient et la physique, ainsi que des limites naturelles que les connaissances de la physique à son époque impliquaient sur la validité de son point de vue.

Riemann dans *Hypothèses qui servent de fondement à la géométrie* :

« La question de la validité des hypothèses de la Géométrie dans l'infiniment petit est liée avec la question du principe intime des rapports métriques dans l'espace. Dans cette dernière question, que l'on peut bien encore regarder comme appartenant à la doctrine de l'espace, on trouve l'application de la remarque précédente, que, dans une variété discrète, le principe des rapports métriques est déjà contenu dans le concept de cette variété, tandis que, dans une variété continue, ce principe doit venir d'ailleurs. Il faut donc, ou que la réalité sur laquelle est fondé l'espace forme une variété discrète, ou que le fondement des rapports métriques soit cherché en dehors de lui, dans les forces de liaison qui agissent en lui.

« La réponse à ces questions ne peut s'obtenir qu'en partant de la conception des phénomènes, vérifiée jusqu'ici par l'expérience, et que Newton a prise pour base, et en apportant à cette conception les modifications successives, exigées par les faits qu'elle ne peut pas expliquer. Des recherches partant de concepts généraux, comme l'étude que nous venons de faire, ne peuvent avoir d'autre utilité que d'empêcher que ce travail ne soit entravé par des vues trop étroites, et que le progrès dans la connaissance de la dépendance mutuelle des choses ne trouve un obstacle dans les préjugés traditionnels.

« Ceci nous conduit dans le domaine d'une autre science, dans le domaine de la Physique, où l'objet auquel est destiné ce travail ne nous permet pas de pénétrer aujourd'hui. »

Bien sûr, Riemann ne pouvait, pas plus que Hilbert dans sa fameuse liste de 23 problèmes, anticiper l'autre découverte majeure de la physique du XXe siècle qu'est la mécanique quantique. Comme nous allons le voir, cette découverte montre clairement les limites de la notion de variété proposée par Riemann.

Considérons la lumière provenant d'une étoile lointaine et faisons la traverser un prisme. On obtient ainsi un certain nombre de raies qu'on appelle les raies spectrales.

Il y a deux types de raies, celles qui sont dues à des phénomènes d'absorption et les autres qui sont des raies d'émission *(Fig. 3)*. Les spectres d'émission des éléments simples du tableau de Mendeleïev constituent une véritable signature de ces éléments.

Ainsi, la signature d'un corps simple est un ensemble de nombres réels, que l'on appelle son spectre de fréquences et qui permet d'identifier sa présence dans n'importe quel composé. Ce spectre S admet une structure remar-

Absorption Émission

Figure 3

quable qui a été découverte expérimentalement, c'est en fait un ensemble de différences $a - b$ où a et b sont les éléments d'un ensemble plus simple X, formé lui aussi de nombres réels. Voilà un principe expérimental appelé « principe de composition de Ritz-Rydberg » qui ne dépend pas du degré de précision avec lequel les expériences ont été faites : lorsqu'on a refait ces expériences de manière plus précise, ce même principe a continué d'être vérifié.

À partir de ce fait expérimental, Heisenberg s'est mis à réfléchir en gros de la manière suivante. Partons de la mécanique classique comme modèle de la physique microscopique : le système que constitue l'atome lui-même est un système mécanique et, en tant que tel, il obéit aux lois ordinaires de la mécanique. On peut le modéliser par un espace de phases et un hamiltonien. L'espace de phase est un espace symplectique, et l'hamiltonien est une fonction sur cet espace qu'on appelle l'« énergie », qui va faire tourner les quantités observables par son crochet de Poisson.

Maintenant, lorsqu'on fait interagir ce système simple avec l'électromagnétisme, on doit utiliser la théorie de Maxwell qui permet de calculer la radiation émise par le système. Cette radiation est obtenue sous forme de superposition d'ondes planes qui correspondent à une certaine observable qu'on appelle le « moment dipolaire ». Ce dernier a des composantes X, Y et Z et, lorsqu'on décompose leur évolution dans le temps en série de Fourier, on obtient les composantes des ondes planes émises par le système.

Si l'on fait ces calculs de mécanique classique, on s'aperçoit que les fréquences émises ont une propriété très importante : elles ne sont pas indexées par des couples (α, β) mais par un groupe commutatif qui est exactement le groupe dual du tore dans lequel les variables d'angles tournent en fonction du temps, l'existence de ce tore découlant de l'intégrabilité du système mécanique. Cela implique qu'étant donné deux fréquences quelconques observées, leur somme doit encore être une fréquence observée, qu'elle va être indexée par la composition des éléments du groupe, et qu'en fait on va retrouver le système dynamique en question en prenant le dual du groupe des fréquences observées.

L'algèbre des quantités observables est l'algèbre de convolution du groupe des fréquences observées. Celui-ci nous permet de retrouver le système dynamique, nous en donne le spectre, mais aussi de retrouver l'évolution dans le temps, puisque la manière dont ce groupe s'inscrit dans la droite réelle nous dit comment le système tourne en fonction du temps.

Mais ce résultat du formalisme de la mécanique classique est en contradiction flagrante avec les observations expérimentales ! Expérimentalement, ce que l'on constate, c'est le principe de composition de Ritz-Rydberg qui remplace la loi de composition du groupe prévu par la théorie classique.

Ce genre de contradiction entre une théorie (en l'occurrence la mécanique classique couplée à la théorie de Maxwell) et les résultats expérimentaux (en l'occurrence ceux de la spectroscopie) est ce que l'on peut rêver de mieux pour faire progresser la physique.

Qu'a fait Heisenberg ? Il est simplement parti de ce que donnait l'expérience. Dans le cas classique, on peut reconstruire l'algèbre des quantités physiques observables (on dit plus brièvement des « observables ») du système à partir du groupe des fréquences. Il suffit d'exprimer une observable comme la somme de ses composantes de Fourier. Elle apparaît alors simplement comme une fonction sur le groupe des fréquences et le produit de deux observables est le produit de convolution. Peu importe la formule exacte de ce produit, tout ce qui compte, c'est qu'elle n'utilise que la structure de groupe de l'ensemble des fréquences. De la même manière, l'évolution dans le temps de ces observables s'écrit simplement à partir de la valeur numérique des fréquences.

Dans le cas quantique, les fréquences observées sont indexées non par un groupe, mais par l'ensemble des couples (α,β). Heisenberg pose alors en principe qu'il faut remplacer, partout où il apparaît dans la théorie classique, le groupe des fréquences par son avatar quantique, c'est-à-dire l'ensemble des couples (α,β).

Il en résulte immédiatement que les quantités observables sont simplement des tableaux de nombres $x_{\alpha\beta}$ indexés par les couples (α,β). De plus, le produit de deux observables est obtenu très simplement en remplaçant dans la règle de convolution pour un groupe, la loi de groupe par la loi de Ritz-Rydberg. Et l'on obtient une algèbre bien connue des mathématiciens : l'algèbre des matrices.

Heisenberg ne savait pas que cette algèbre était déjà connue des mathématiciens. Il s'est dit : Postulons que nous avons affaire à des quantités observables qui se composent de cette manière, qui s'additionnent en ajoutant les composantes du tableau qui ont les mêmes indices, et faisons évoluer en fonction du temps les observables en utilisant les valeurs numériques des fréquences.

Il a fait des calculs et s'est aperçu que ces objets ne commutent pas entre eux. Le produit de deux matrices AB n'est pas le même que BA, la règle de composition des matrices n'est pas commutative.

Contrairement aux quantités observables auxquelles nous sommes habitués, par exemple la position et la vitesse d'une planète qui sont données par six nombres réels, c'est-à-dire des quantités qui commutent, les quantités observables de la mécanique quantique de Heisenberg, ne commutent pas. Ainsi, si l'on considère l'espace des états possibles du système mécanique formé par un atome, on ne peut plus prendre pour modèle de cet espace une variété au sens de Riemann car la non-commutativité invalide la procédure donnée par Riemann pour paramétrer les points par un nombre fini de nombres réels. La procédure imaginée par Riemann consiste à mesurer d'abord une première coordonnée puis une deuxième et ainsi de suite. Ce que montre la découverte de Heisenberg, c'est que, pour l'espace des états d'un système atomique, dès la première mesure il devient impossible de mesurer de manière cohérente d'autres coordonnées qui ne commutent pas avec la première. On peut parler bien sûr de principe d'incertitude mais cela cache en gardant un langage classique la nouveauté fondamentale mise en évidence par Heisenberg et qui a trait à de nouveaux espaces dont les coordonnées forment une algèbre non-commutative. Bien entendu, de telles algèbres restent associatives ce qui correspond à l'écriture du langage où $(AB)C = A(BC)$.

Le point de départ de la géométrie algébrique est la dualité entre d'un côté un espace géométrique et de l'autre l'algèbre des coordonnées sur cet espace. Mais les algèbres considérées étaient toujours des algèbres commutatives.

Le point de départ de la géométrie non-commutative est l'existence d'espaces naturels jouant un rôle essentiel, aussi bien en physique qu'en mathématiques, pour lesquels l'algèbre des coordonnées n'obéit plus à la règle de commutativité. L'existence et le bien-fondé de tels espaces remonte sans aucun doute à la découverte de Heisenberg, mais il y a un principe mathématique général qui montre que même au sein des mathématiques il est essentiel d'étendre tout l'arsenal géométrique à des espaces « non-commutatifs » c'est-à-dire à des espaces qui correspondent à une algèbre de coordonnées non-commutative.

Ce principe de construction est le suivant : si l'on pense à la plupart des espaces qui nous intéressent, il est bien rare qu'on puisse en épeler les éléments un par un. En général un élément d'un espace est défini comme une classe. En fait, on part d'un espace Y beaucoup plus grand que celui X qui nous intéresse et X est obtenu à partir de Y en identifiant entre eux des éléments de Y. On dit que X est un quotient de Y. Soient a et b deux points de Y que l'on veut identifier. La première méthode pour y arriver consiste à ne considérer que les fonctions sur Y dont les valeurs en a et b sont les mêmes. Il est clair que l'on obtient ainsi l'algèbre des fonctions sur X comme une sous-algèbre de l'algèbre des fonctions sur Y et que la commutativité est ainsi héritée par l'algèbre des coordonnées sur X.

Dès que l'on considère des situations plus délicates, il y a une autre façon de procéder qui est beaucoup plus fidèle aux subtilités de l'opération de quotient et qui est calquée sur Heisenberg. Elle consiste à garder toute l'algèbre des fonctions sur Y mais à introduire l'identification des points a et b entre eux simplement en leur donnant la possibilité de communiquer grâce aux éléments hors diagonaux des matrices deux fois deux indexées par a et b. L'on obtient ainsi une algèbre non-commutative qui va coder l'opération de quotient de manière beaucoup plus fidèle et souple que l'opération brutale qui conservait la commutativité.

La théorie a démarré il y a une vingtaine d'années à partir d'exemples. Une théorie mathématique intéressante n'est pas basée sur des généralisations abstraites, mais se nourrit d'exemples. Dans le cas qui nous intéresse, il y a quantité d'exemples provenant non seulement de la physique mais aussi de la géométrie. L'exemple subtil le plus simple est le suivant. On part de l'équation différentielle $dx = \theta \, dy$ sur le tore obtenu en identifiant les bords opposés du carré *(Fig. 4)*. Soit X l'ensemble des solutions de l'équation différentielle. Si l'on essaye de décrire X par les moyens classiques, de le décrire par une algèbre de coordonnées formée par des fonctions ordinaires, on trouve une chose assez bizarre. On trouve (pour θ irrationnel) qu'il n'y a aucune fonction non constante sur X. Ainsi X ne se distingue pas d'un point.

En fait, si l'on utilise l'autre manière de décrire le quotient X grâce au non-commutatif, on obtient une algèbre extrêmement intéressante, l'algèbre des coordonnées sur le tore non-commutatif. Cet espace non-commutatif a une histoire intéressante. Il est apparu dans deux domaines

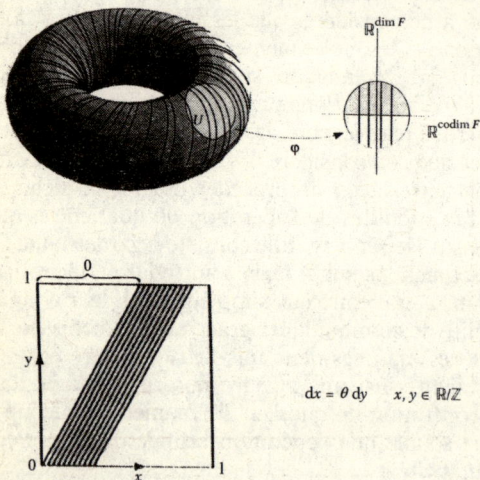

Figure 4

totalement distincts de la physique. D'une part dans l'effet Hall quantique grâce aux travaux de Jean Bellissard qui a relié la formule de la conductivité Hall à des invariants topologiques que j'avais introduit en 1980, et dont l'intégralité est reliée à l'intégralité observée expérimentalement sur les plateaux de conductivité *(Fig. 5)*.

La deuxième apparition du tore non-commutatif en physique est beaucoup plus récente et date de 1997. Il apparaît naturellement dans ce qu'on appelle actuellement la théorie des cordes et une théorie un peu plus élaborée, la M-théorie. Les physiciens ont trouvé pour des raisons qui ne sont pas du tout évidentes qu'en fait, le même objet mathématique, le tore non-commutatif, apparaissait dans leur théorie sans qu'on ait besoin de l'introduire de manière artificielle et depuis, il y a plus d'un millier d'articles qui sont parus sur ce sujet.

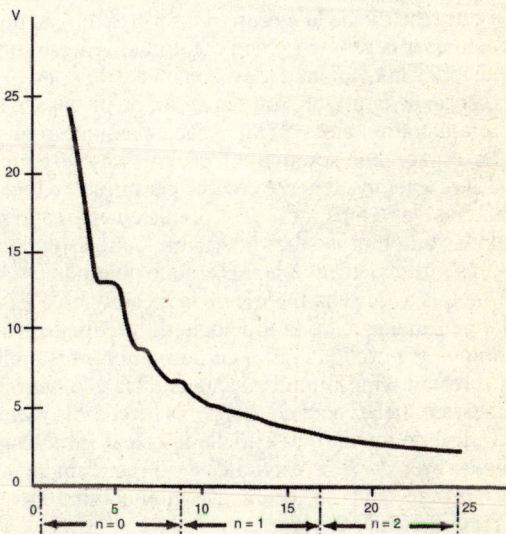

Figure 5

Je vais tenter de vous donner une idée intuitive de ce qu'est le tore non-commutatif. C'est très bizarre. Si vous essayez de le projeter sur un espace à une dimension vous obtenez un ensemble de Cantor, c'est-à-dire un ensemble totalement discontinu (quand θ est irrationnel). Au départ, cela apparaît comme un objet totalement ésotérique. Ce qui a vraiment fait démarrer la géométrie non-commutative c'est que le même genre de théorèmes qui sont vrais en géométrie ordinaire comme celui de Gauss-Bonnet, les théorèmes d'intégralité, continuent à être vrais dans cette géométrie.

Pour comprendre ces espaces géométriques, il faut plus ou moins réécrire tout ce qu'on connaît en mathématiques. Il faut commencer par la théorie de la mesure. On prend un espace et on ne regarde que la quantité d'éléments qu'il y a dedans. Si vous permutez ces éléments, rien ne changera. Dans le commutatif, la théorie de la mesure c'est la théorie de Lebesgue, du début du XXᵉ siècle. Ce n'est pas très difficile car tous les espaces continus sont les mêmes du point de vue de cette théorie de la mesure. La surprise qui au départ a fait démarrer la géométrie non-commutative c'est un phénomène tout à fait étonnant, c'est que même du point de vue de la théorie de la mesure, on s'aperçoit qu'un espace non-commutatif tourne alors qu'un espace classique ne bouge pas. Un espace non-commutatif évolue avec le temps, il tourne avec le temps. Il hérite comme par miracle d'une évolution dans le temps qui est complètement canonique modulo les automorphismes intérieurs. Cette évolution est reliée très profondément à la mécanique quantique.

Une fois acquise la théorie de la mesure, on a ensuite développé l'analogue de la topologie différentielle grâce à la cohomologie cyclique qui a eu de nombreuses applications. Il restait pour atteindre le stade de la géométrie une difficulté essentielle : pour développer la géométrie, Riemann avait utilisé de manière essentielle le calcul infinitésimal. Je vais essayer de vous expliquer ce qu'est l'analogue du calcul infinitésimal en géométrie non-commutative en vous racontant une histoire.

Quand j'étais à l'École normale dans les années 1966-1967, j'avais été fasciné par un livre qui s'intéressait à ce qu'on appelle l'analyse non standard et qui cherchait à donner une version rigoureuse de ce qu'on appelle les infinitésimaux. C'est une notion intuitive et ce livre voulait en donner une formulation rigoureuse. Il partait de la question naïve suivante concernant le jeu de fléchettes *(Fig. 6)*. Soit x un point de la cible, la question est « quelle est la probabilité $dp(x)$ pour que la fléchette arrive exactement au point x ? ».

Il est facile de diviser la cible en deux parties égales de sorte que le point x se trouvant dans l'une des deux l'on en déduise que $dp(x) < 1/2$. En itérant ce procédé, on obtient $dp(x) < 1/4$, et en fait $dp(x) < \varepsilon$ pour tout ε strictement positif. Si l'on admet que $dp(x)$ est un nombre positif, on en déduit que $dp(x) = 0$. Ce résultat n'est manifestement pas satisfaisant car chaque fois qu'on la lance sur la cible la fléchette va bien atterrir quelque part. Un mathématicien bien éduqué peut évidemment penser qu'il connaît la

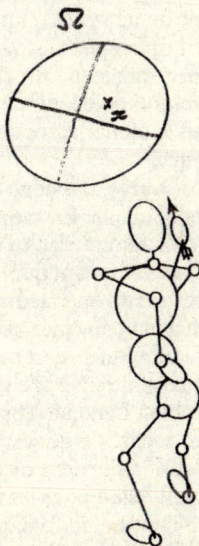

Figure 6

bonne réponse, à savoir une 2-forme sur la cible (ou une mesure) mais il sera bien en peine de donner une réponse valable si on lui demande alors de calculer par exemple l'exponentielle de $-1/dp(x)$.

Ce livre sur l'analyse non standard proposait comme solution « un nombre non standard » qui provenait de notions assez compliquées de logique mathématique.

Au bout de six mois d'études sur la logique, je me suis rendu compte que la solution proposée n'était pas satisfaisante car elle utilisait exactement ce que Lebesgue avait exclu dans sa théorie de l'intégration, à savoir les fonctions non mesurables. On peut déduire des résultats de Lebesgue et de résultats plus récents de logique dus à Paul Cohen et à Solovay qu'en fait jamais personne ne pourra nommer un tel « nombre non standard ». La théorie proposée est ainsi une théorie complètement virtuelle qui manipule des objets chimériques.

Je me suis interrogé pendant plusieurs années pour savoir si l'on pouvait donner une réponse satisfaisante à la question initiale et j'ai finalement compris que la mécanique quantique donnait une réponse simple et très utile qui a permis de développer l'analogue du calcul infinitésimal en géométrie non-commutative. Pour la trouver il suffit de regarder plus en détail le dictionnaire qui met en regard le classique et le quantique.

Une quantité observable classique prend des valeurs réelles, c'est une variable réelle. En mécanique quantique, c'est un opérateur auto-adjoint dans l'espace de Hilbert. À ce propos il est d'ailleurs étonnant qu'Hilbert ait défini dès les années 1910 le spectre d'un opérateur bien avant que l'on sache que cette notion allait coïncider avec celle de la spectroscopie expérimentale. Mais la terminologie était la même ! Le spectre de l'opérateur est l'ensemble des valeurs possibles de la variable. Lorsque l'opérateur est auto-adjoint, la variable est réelle. Ce qui est remarquable c'est qu'il y avait dans le dictionnaire de la mécanique quantique exactement la place qu'il fallait pour les infinitésimaux. En mécanique quantique il existe des opérateurs T, non nuls, mais dont la taille est inférieure à ε pour tout ε strictement positif ! En fait, la condition correcte est « quel que soit

ε strictement positif, on peut conditionner l'opérateur, c'est-à-dire trouver un nombre fini de conditions linéaires, de manière à rendre sa taille plus petite que ε ». Dans le quantique il y a exactement les objets qu'il faut pour formaliser et comprendre la notion intuitive d'infinitésimal. Dans la théorie classique une telle notion n'existe pas car les variables à spectre continu ne peuvent coexister avec les infinitésimaux que si elles ne commutent pas.

On peut alors définir ce qu'est la différentielle d'une variable. Elle est donnée par un commutateur d'opérateurs de la même manière que les crochets de Poisson de la mécanique classique cèdent la place aux commutateurs dans le quantique.

L'intégrale est une notion beaucoup plus délicate qui provient de la découverte par J. Dixmier de traces qui sont nulles sur les infinitésimaux d'ordre supérieur à 1. Il est d'ailleurs étonnant que cette découverte ait été au départ motivée par la recherche d'un contre-exemple à l'unicité de la trace usuelle des opérateurs.

Dans l'exemple de la cible, la réponse est donnée par l'inverse du laplacien de Dirichlet. Cette réponse dépend de manière subtile de la forme de la cible, le calcul de l'intégrale redonne la probabilité usuelle, mais l'on peut faire des calculs qui étaient impossibles auparavant comme celui de l'exponentielle de $-1/\mathrm{d}p(x)$.

J'en viens pour terminer à l'analogue des deux notions clefs de la géométrie riemannienne, celle de variété différentiable et celle d'unité de longueur infinitésimale ds.

Les variétés ordinaires sont définies en donnant une recette de cuisine qui permet de recoller entre eux des domaines de coordonnées locales, mais les mathématiciens ont réussi à comprendre quelles étaient les propriétés conceptuelles importantes des espaces ainsi obtenus.

La dualité de Poincaré est l'une d'entre elles mais il est nécessaire de la renforcer considérablement en remplaçant l'homologie ordinaire par une théorie plus fine appelée K-homologie. Ce n'est qu'à ce prix par exemple que l'on appréhende les classes de Pontrjagin qui sont des invariants fondamentaux des variétés. Ainsi, une des caractéristiques

essentielles d'une variété est de posséder un cycle fondamental en K-homologie. L'une des pierres angulaires de
la géométrie non-commutative est la découverte due à
M. F. Atiyah qui permet d'interpréter les cycles en K-homologie comme des représentations de l'algèbre des coordonnées dans la scène quantique décrite plus haut. En
particulier toute trace du commutatif a disparu et de nombreux résultats, en particulier en topologie des variétés non
simplement connexes, ont amplement montré que le cadre
non-commutatif était idéal pour traiter de la K-homologie.
Il restait à comprendre comment adapter le ds de Riemann
et c'est ici qu'il suffisait à nouveau de feuilleter des ouvrages de physique contemporaine pour y trouver la réponse.
Le diagramme ci-dessous *(Fig. 7)* se rencontre couram-
ment en électrodynamique quantique et décrit l'émission
d'un photon par un électron au point x et sa réabsorption
au point y. La définition de l'élément de longueur ds est
très simple et est représentée dans la *figure* 7.

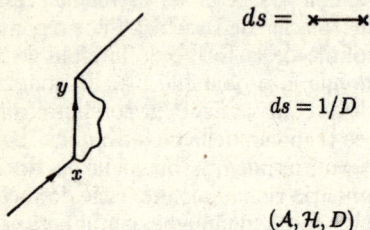

$$ds = \times\!\!-\!\!-\!\!-\!\!\times$$

$$ds = 1/D$$

$$(\mathcal{A}, \mathcal{H}, D)$$

Figure 7

Ainsi ds est le propagateur pour les fermions, c'est-à-
dire l'inverse de l'opérateur de Dirac D. On en arrive ainsi
à la notion fondamentale de triplet spectral, notion
étonnamment versatile qui n'est plus restreinte au cas
commutatif, donne un meilleur modèle de l'espace temps,
s'adapte parfaitement à la dimension infinie et joue un rôle
important dans la réalisation spectrale des zéros des fonctions L de la théorie des nombres.

Les caprices des marchés financiers : régularités et turbulences

par JEAN-PHILIPPE BOUCHAUD

Tout le monde a regardé, au moins une fois dans sa vie, par hasard ou par nécessité, avec angoisse ou avec curiosité, la chronique temporelle du cours de la Bourse, du dollar ou du pétrole. À la vérité, ces chroniques se ressemblent toutes, et c'est la première surprise : sans unités sur les axes qui permettent de reconnaître les dates ou la valeur des cours, ou de connaître les échelles temporelles et les échelles de variation, il est difficile de distinguer une action d'une devise, une matière première d'une obligation. L'apparence visuelle (la « texture ») de ces graphiques, et de façon plus quantitative les propriétés statistiques des fluctuations des cours financiers (que nous détaillerons plus loin), sont étonnamment stables, à la fois dans l'espace et dans le temps : les marchés du XVIIIᵉ siècle se comportent qualitativement comme ceux du XXᵉ siècle ; ceux de Tokyo comme ceux de New York semblent être la trace de comportements humains récurrents, universels, et par là même, peut-être, « modélisables ».

La possibilité de modéliser les comportements humains paraît encore saugrenue à certains, qui semblent opposer la matière inerte — docile, sans états d'âme et se prêtant à une expérimentation reproductible — et les êtres humains, fondamentalement imprédictibles car doués de libre arbitre,

Texte de la 351ᵉ conférence de l'Université de tous les savoirs donnée le 16 décembre 2000.

et de plus capables de modifier leur comportement en réaction même à une théorie les concernant. Pourtant, les différences sont moindres qu'il n'y paraît. D'abord, parce que les sciences physiques ont petit à petit abordé l'étude de situations de plus en plus complexes, chaotiques, imprévisibles, comme la répartition des vitesses dans un écoulement turbulent, en modifiant progressivement la notion même de prédiction et en inventant de nouveaux outils de descriptions statistiques. À l'idée, chère à Laplace, d'une prédiction absolue de l'avenir connaissant le présent s'est d'abord substituée celle d'une prédiction incertaine, entachée des erreurs de mesure, puis, de manière plus radicale, celle d'une prédiction probabiliste, qui intègre l'impossibilité (instrumentale ou essentielle) de connaître tous les facteurs qui déterminent l'évolution d'un système. Ainsi, au lieu de chercher à prévoir la position d'une particule au cours du temps, la science du XXe siècle se contente souvent de savoir avec quelle « probabilité » la particule sera ici ou là au cours du temps. C'est à ce courant général (promu dans d'autres sphères par Boltzmann, Einstein et Langevin), que participe Bachelier lorsqu'il propose dans sa thèse, en 1900, une *Théorie de la spéculation.* Il y développe la première théorie scientifique des marchés financiers, qui, après une traversée du désert de plus d'un demi-siècle, a profondément influencé le développement des mathématiques financières au cours des trente dernières années.

Le cadre de description statistique s'accommode fort bien du libre arbitre (réel ou supposé) des êtres humains. Si, dans une situation donnée, chacun est libre d'agir comme il le souhaite, pour des raisons en général complexes et difficiles à cerner complètement, les comportements collectifs de populations, observés dans leur globalité anonyme, acquièrent une régularité telle que l'on peut espérer y trouver des lois, des causes, des invariants — comme pour les phénomènes concernant la matière inerte. Par exemple, le mouvement erratique d'une particule de pollen, observé par Brown, est dû aux chocs incessants des molécules d'eau qui l'entourent. On pourrait donc tenter une description historique, anecdotique, du mouvement en attribuant chaque déflexion à une répartition particulière des molécules d'eau. Cette description détaillée est bien entendu impossible et, au demeurant, peu instructive. La description probabiliste, proposée par Einstein et Langevin, permet de dégager les lois universelles du mouvement brownien, qui décrivent de manière extrêmement précise le comportement d'une « assemblée » de ces particules, au détriment de leurs histoires individuelles. Ces particules, soumises à leur propre poids, ont une probabilité légèrement plus grande de se déplacer vers le bas que vers le haut : l'observation de l'une d'entre elles ne révèle que très difficilement cette tendance à la descente, qui apparaît cependant clairement au niveau collectif. De la même façon, le comportement des intervenants sur les marchés financiers résulte de motivations qui leur sont propres, mélanges d'arguments rationnels et de pulsions émotionnelles, mais qui, dans leur globalité, obéissent à des régularités qui les dépassent. Bachelier écrivait ainsi que « le marché, à son insu, obéit à une loi qui le dépasse, la loi de la probabilité ». La recherche des détails de cette loi est depuis quelques années un domaine très actif dans lequel sont impliqués économistes, mathématiciens et physiciens. Cette recherche est motivée, entre autres, par la nécessité pour les établissements financiers de contrôler les risques inhérents à leur activité spéculative, nécessité qui est apparue, curieusement, plus tardivement que dans d'autres domaines d'activités industrielles. Pourtant, les conséquences d'un krach boursier comme celui de 1929 sont sous bien des aspects comparables dans leur cortège de malheurs à celles d'un accident nucléaire ou d'un tremblement de terre. Le contrôle des risques s'est imposé au début des années 1990, après le krach retentissant de 1987, dont l'occurrence mettait gravement en défaut le modèle de Bachelier (très légèrement amendé) utilisé alors. Le développement exponentiel des marchés dits dérivés, comme les marchés d'options, où les effets de levier peuvent amplifier à l'extrême les mouvements de hausse ou de baisse, a rendu inévitable une réflexion approfondie sur le risque financier, son origine et sa calibration, afin de construire des instruments efficaces de mesure de la « sismicité » des marchés financiers.

À cette motivation instrumentale s'ajoute une motivation intellectuelle, qui est celle du développement d'une science des comportements humains dont nous avons parlé plus haut. Les marchés financiers sont pour cela un magnifique terrain d'expérimentation, car ils constituent sans doute la source la plus abondante de données qui documentent de manière quantitative une activité humaine : on dispose des variations de prix de dizaines de milliers d'instruments financiers, parfois au cours de plusieurs siècles, comme pour le blé. Comment nous renseignent ces mouvements erratiques de hausse et de baisse sur les comportements des individus qui en sont la cause mais dont les conséquences collectives les dépassent ? D'autres activités humaines sont, de ce point de vue, comparables, comme le trafic routier et ses fluctuations géantes (les bouchons sont-ils l'analogue des krachs ?), ou le réseau des connexions sur Internet — mais la masse de données disponibles n'est pas (encore) comparable à celle des marchés financiers. Il y a fort à parier que les outils et les concepts développés pour comprendre la statistique des marchés financiers auront une portée beaucoup plus vaste.

Revenons sur le modèle de Bachelier et sur ses limitations. Bachelier fait une hypothèse minimale : si le prix reflète un équilibre entre acheteurs (qui pensent que le cours va monter) et vendeurs (qui pensent qu'il va descendre), ce prix est tel que l'espérance du prix de demain est égale au prix actuel*. Autrement dit, l'accroissement de prix entre aujourd'hui et demain est une variable aléatoire imprédictible. Le prix est donc la somme de ces accroissements aléatoires. Or, la somme d'un grand nombre de variables aléatoires est, moyennant des hypothèses peu

---

* Bachelier écrit : « Les opinions contradictoires relatives à ces variations se partagent si bien qu'au même instant les acheteurs croient à la hausse et les vendeurs à la baisse », et, plus loin : « Il semble que le marché ne doit croire à un instant donné ni à la hausse ni à la baisse puisque, pour chaque cours coté, il y a autant d'acheteurs que de vendeurs. »

restrictives, une variable aléatoire dite gaussienne, c'est-à-
dire dont la distribution est donnée par la loi normale de
Laplace-Gauss, et dont l'écart type croît comme la racine
carrée du temps qui s'écoule. Le processus statistique ainsi
construit est celui du mouvement brownien, redécouvert
par Einstein cinq ans après Bachelier. L'objet obtenu est
universel, dans le sens où il ne dépend pas de la distribution particulière des accroissements élémentaires. Un
exemple d'une chronique temporelle fictive, engendrée
numériquement à partir de la prescription de Bachelier,
est donné en *figure 1*, et comparé avec la chronique de
l'indice Dow Jones de la Bourse de New York depuis le
début du siècle. Au premier coup d'œil, les caractéristiques
grossières de ces deux graphiques se ressemblent en effet.
En particulier, et de manière surprenante, apparaissent sur
la chronique simulée des périodes relativement longues où
le prix fictif semble être sur une tendance haussière, ou sur
une tendance baissière. Ces « tendances » ne correspondent évidemment à aucune explication économique ration-
nelle, et à aucune possibilité de prévision. Elles ne sont que
le reflet du hasard, qui prend cependant, dans le cas du
mouvement brownien, une forme très particulière : en
effet, les hausses peuvent durer si longtemps que la durée
moyenne d'une période faste (ou défavorable) est infinie !

Une différence majeure apparaît cependant lorsque
l'on observe les deux graphes de la *figure 1* plus attentive-
ment : plusieurs discontinuités apparaissent clairement
sur le cours réel, correspondant aux grands krachs du
siècle (par exemple 1929 et la grande dépression qui en a
résulté, ou celui de 1987, indiqués par des flèches). Le processus de Bachelier, quant à lui, est continu ; aucune
grande variation n'est observée. Cela est une propriété de
la loi normale de Laplace-Gauss, qui décroît si vite lorsque
l'on s'écarte du centre que les événements extrêmes ont une
probabilité quasi nulle de se produire. Dans le monde de
Bachelier, le krach de 1987 n'aurait jamais dû se produire,
même si la Bourse avait existé depuis le début de l'Univers.
La reconstruction empirique de la loi de distribution des
variations de prix fait apparaître ce qu'il est convenu

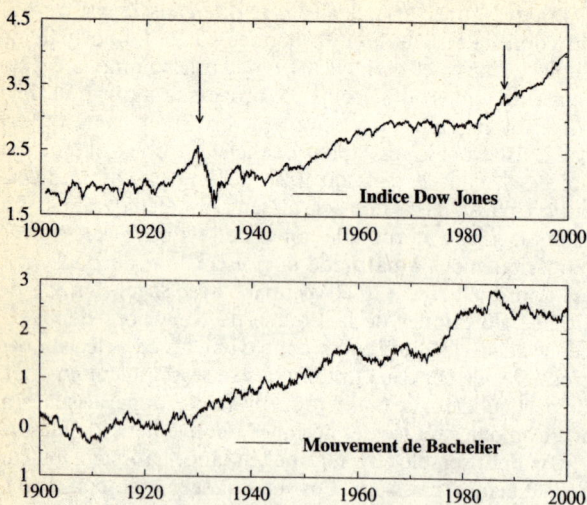

Figure 1 – Deux « chroniques » temporelles de prix,
l'une réelle (figure du haut), l'autre synthétique (figure du bas).
La chronique réelle correspond à l'indice Dow Jones
pendant le XXe siècle, en coordonnées semi-logarithmiques.
Les flèches indiquent deux grands krachs : 1929 et 1987.
La chronique artificielle est obtenue
en suivant la prescription de Bachelier :
chaque mouvement est une variable aléatoire gaussienne,
totalement indépendante du passé.

d'appeler une « queue de Pareto », c'est-à-dire une lente
décroissance de la probabilité des extrêmes, observée par
Pareto à la fin du XIXe siècle sur la répartition des fortunes
ou des revenus, et rencontrée depuis dans de nombreux
contextes : amplitude des tremblements de terre, taille des
mégapoles, recettes d'exploitation des films de cinéma...

Une autre représentation permet de comprendre la
différence profonde entre le modèle de Bachelier et la réalité des marchés : au lieu de tracer le prix au cours du

temps, on peut tracer les variations journalières des prix, à la fois pour l'indice Dow Jones et pour l'histoire fictive de Bachelier (*Fig. 2*). On observe, dans le cas réel, non seulement des « pics » d'amplitude correspondant à de fortes hausses ou de fortes baisses, mais aussi une tendance à l'agrégation de ces pics dans le temps. Autrement dit, il apparaît clairement des périodes troublées, d'agitation intense, entrelacées par des périodes plus calmes, de faible activité : l'évolution des marchés se fait par bouffées intermittentes de volatilité. De telles structures n'apparaissent pas dans le diagramme sans relief du mouvement de Bachelier, qui correspond à une dynamique modérée, sans à-coups, un hasard sans surprises. Il est intéressant de souligner les similarités frappantes entre la texture statistique des fluctuations financières et celle du champ de vitesse d'un écoulement turbulent. Comme pour les marchés, un écoulement turbulent (par exemple celui produit dans la grande soufflerie du centre aéronautique de Modane) est intermittent : il se structure en régions « laminaires » (où l'écoulement est relativement régulier et où la dissipation d'énergie est faible) entrecoupées par des régions fortement dissipatives. Ainsi, toutes les méthodes récentes d'analyse de signaux chaotiques (comme la transformée en ondelettes), qui ont permis des progrès considérables dans la compréhension de la turbulence hydrodynamique, trouvent une application naturelle dans l'étude des fluctuations financières.

Lente décroissance de la probabilité des variations extrêmes, persistance des périodes de forte volatilité ; au-delà de cette description qualitative de la turbulence des marchés, on peut définir des mesures quantitatives de ces effets, et comparer les résultats obtenus pour différents marchés et différentes époques pour conclure à cette grande universalité mentionnée en introduction. Celle-ci suggère un mécanisme élémentaire commun, sans doute relié à certains invariants fondamentaux de la psychologie humaine : appât du gain et peur de perdre, esprit grégaire et mimétisme, apprentissage par essai et erreur... Plusieurs modèles, pour lesquels l'un ou l'autre de ces traits joue un

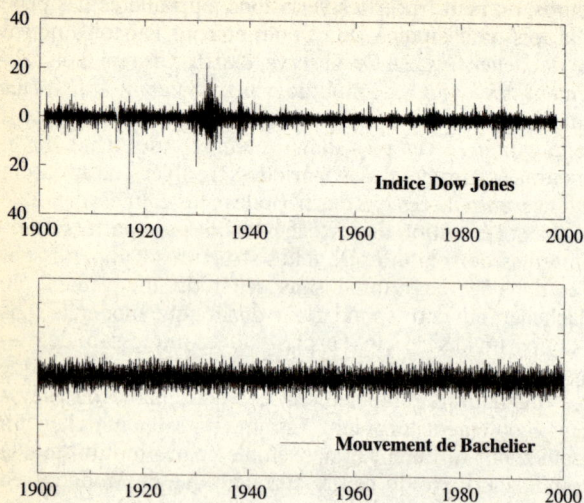

Figure 2 – Autre représentation des données de la figure 1 :
au lieu du prix, on trace ici la « variation journalière » du prix
en fonction du temps, pour le Dow Jones et pour le mouvement
de Bachelier. On discerne clairement dans les données réelles
les variations intermittentes de volatilité.

rôle important, ont été proposés et étudiés ces dernières années. Malgré certains succès, il nous semble que cette nouvelle discipline du *Behavioral Finance* en est à ses balbutiements, et devrait progresser de façon spectaculaire. Un des enjeux est de pouvoir ainsi simuler par ordinateur des marchés financiers fictifs, comme celui de la *figure 1*, mais fidèles à la réalité observée. Tout comme la simulation d'écoulements turbulents réalistes permet de s'affranchir progressivement des grandes souffleries pour la conception et la validation de nouveaux profils d'avions, on peut espérer que la simulation de marchés fictifs dans un premier temps, puis à un niveau supérieur, d'économies fictives, permette à terme une meilleure gestion des risques financiers et des politiques économiques.

RÉFÉRENCES

– BACHELIER (L.), *Théorie de la spéculation*, Paris, J. Gabay, 1995.
– BOUCHAUD (J.-P.) et POTTERS (M.), *Theory of Financial Risks*, Cambridge University Press, 2000, voir aussi les articles disponibles sur www.science-finance.com.
– FARMER (J. D.), « Physicists Attempt to Scale the Ivory Towers of Finance », dans *Computing in Science and Engineering*, November 1999, aussi reproduit dans *Int. J. Theo. Appl. Fin.* 3, 311, 2000.
– FRISCH (U.), *Turbulence : The Legacy of A. Kolmogorov*, Cambridge University Press, 1997.
– MANDELBROT (B.), *Fractals and Scaling in Finance*, New York, Springer, 1997.
– MUZY (J.-F.), DELOUR (J.) et BACRY (E.), *e-print*, http://xxx.lanl.gov/abs/cond-mat/0005400
– SCHILLER (R.), *Irrational Exuberance*, Princeton University Press, 2000.

La symétrie ici et là*

par Henri Bacry

L'un des divertissements les plus prisés de la vie au lit consiste à compter les moutons. Tout le monde sait qu'en cas d'insomnie, il suffit d'additionner mouton après mouton pour s'endormir, mais combien de personnes savent que pour rester éveillé, il suffit de soustraire les moutons ?

Groucho Marx, *Beds.*

Mille neuf cent trente-quatre marches de montée et mille neuf cent trente-quatre marches de descente, ça fait zéro et pourtant je suis bien fatigué !

Film *La fiancée des ténèbres*
(dialogues de Gaston Bonheur).

Ouvrir ainsi une conférence sur la symétrie par des blagues sur les soustractions est une façon délibérée de montrer que la symétrie intervient dans des endroits inattendus, c'est-à-dire des domaines qui ne concernent ni la science ni l'art, comme le laisseraient croire les auteurs d'encyclopédies. N'importe lequel de mes collègues physiciens se serait attendu à me voir proposer d'emblée quelques équations fondamentales de la physique en vue d'étudier leurs propriétés de symétrie, par exemple les

Texte de la 352e conférence de l'Université de tous les savoirs, donnée le 17 décembre 2000.
* À la mémoire de mon maître ès symétries en physique, Louis Michel.

équations de Maxwell qui gouvernent l'électrodynamique classique. Dans le vide (c'est-à-dire en l'absence de charges et de courants électriques), elles s'écrivent comme suit :

$$\operatorname{div} \mathbf{B} = 0,$$

$$\operatorname{rot} \mathbf{E} + \frac{\partial \mathbf{B}}{\partial t} = 0,$$

$$\operatorname{div} \mathbf{E} = 0,$$

$$\operatorname{rot} \mathbf{B} - \frac{\partial \mathbf{E}}{\partial t} = 0.$$

Rassurez-vous ! Je n'ai pas l'intention de vous imposer ici un cours de physique. Je vous invite seulement à examiner ici avec moi ces quatre équations. Il vous suffira de savoir que $\mathbf{E}$ désigne le champ électrique, $\mathbf{B}$ le champ magnétique et de me croire lorsque je vous dis que ces formules permettent de comprendre la propagation de la lumière dans le vide.

Vous constaterez sans difficulté que la transformation qui consiste à remplacer $\mathbf{E}$ par $\mathbf{B}$ et $\mathbf{B}$ par $-\mathbf{E}$ conserve manifestement ces équations, pourvu que l'on sache que $\operatorname{div} (-\mathbf{E}) = -\operatorname{div} \mathbf{E}$ et $\operatorname{rot} (-\mathbf{E}) = -\operatorname{rot} \mathbf{E}$.

Cette symétrie des équations de Maxwell n'est cependant valable que dans le vide. En présence de matière, c'est-à-dire en présence de charges électriques en mouvement, deux d'entre elles s'écrivent avec des termes supplémentaires, appelés sources du champ électromagnétique :

$$\operatorname{div} \mathbf{B} = 0,$$

$$\operatorname{rot} \mathbf{E} + \frac{\partial \mathbf{B}}{\partial t} = 0,$$

$$\operatorname{div} \mathbf{E} = \rho_{\text{élect}},$$

$$\operatorname{rot} \mathbf{B} - \frac{\partial \mathbf{E}}{\partial t} = \mathbf{j}_{\text{élect}}.$$

où $\rho_{\text{élect}}$ est la densité de charge électrique et $\mathbf{j}_{\text{élect}}$ la densité de courant électrique. La symétrie a disparu. Certains auteurs, déçus par cette disparition, n'hésitent pas à imaginer l'existence de charges et de courants magnétiques, dans le but de la rétablir. Ils écrivent alors de nouvelles formules :

$$\text{div } \mathbf{B} = \rho_{magn},$$

$$\text{rot } \mathbf{E} + \frac{\partial \mathbf{B}}{\partial t} = j_{magn},$$

$$\text{div } \mathbf{E} = \rho_{\text{élect}},$$

$$\text{rot } \mathbf{B} - \frac{\partial \mathbf{E}}{\partial t} = j_{\text{élect}}.$$

ce qui permet d'obtenir une symétrie entre parties électrique et magnétique de ces équations. Le terme ρ_{magn} est positif ou négatif selon qu'il s'agisse de magnétisme nord ou de magnétisme sud.

La difficulté est que cette nouvelle symétrie n'existe que dans l'imagination de ceux qui la proposent. Pour qu'elle corresponde à une certaine réalité, il faudrait que l'on puisse isoler des pôles magnétiques nord et sud, ce qu'on n'a jamais pu réaliser. En effet, tout le monde sait qu'en coupant une aiguille aimantée en deux on obtient non pas un pôle nord séparé d'un pôle sud mais deux nouvelles aiguilles aimantées. Le magnétisme nord est inséparable du magnétisme sud. Il faut dire, pour défendre ceux qui tiennent à cette symétrie imaginaire, qu'elle aurait l'avantage de donner une explication à la quantification de la charge électrique. On démontre, en effet, à partir de la mécanique quantique, que s'il existait des pôles magnétiques, la charge électrique serait toujours un multiple entier de la charge de l'électron, chose reconnue comme une réalité.

Plus généralement, la plupart des symétries dont il est question en physique sont des symétries imaginaires. Les physiciens ne s'expriment pourtant pas ainsi car ils sont persuadés que leurs symétries existent réellement. Ils préfèrent parler de symétries violées. Il me faut expliquer ce qu'ils entendent par cette expression et, pour cela, j'en donnerai l'exemple le plus simple. Chacun sait que les noyaux atomiques sont constitués de neutrons et de protons, les premiers en nombre N, les seconds en nombre Z. L'atome comprend, gravitant autour du noyau, Z électrons. Le proton ayant une charge opposée à celle de l'électron, on note que l'atome est électriquement neutre. Le nombre Z caractérise les propriétés chimiques d'un élément. Ainsi pour l'élément oxygène, on a $Z = 8$. Pour le chimiste, Z est le nombre essentiel tandis que le nombre N joue un rôle secondaire. On parle d'isotopes pour désigner des atomes de même Z mais de N différents.

Pour le physicien nucléaire la situation est différente car, pour lui, le neutron ressemble étonnamment au proton. Ces deux particules ont en effet à peu près la même masse. Le neutron a une masse égale approximativement à 1 840 fois celle de l'électron, alors que la masse du proton vaut 1 838 fois celle de l'électron. Cette propriété justifie la dénomination de nucléon pour désigner les deux espèces de constituants du noyau. Pour le physicien nucléaire, ce qui compte c'est le nombre de nucléons du noyau ou, ce qui revient au même, *grosso modo* sa masse. Pour lui, le noyau d'Uranium 235, avec ses 235 nucléons est différent du noyau d'uranium 238 qui en a 238. Le physicien nucléaire raisonne à peu près de la façon suivante : imaginons, dit-il, un monde idéal où la chimie — et donc la physique atomique — n'existerait pas ; cela reviendrait à négliger la présence des Z électrons responsables des réactions chimiques et, du même coup, à négliger aussi la présence de charges sur les protons ; on pourrait admettre alors que nous sommes dans une situation où l'on aurait une impossibilité de distinguer entre protons et neutrons ; le physicien nucléaire va plus loin ; il fait l'hypothèse que ces deux sortes de particules non seulement n'auraient pas de charge électrique, mais auraient rigoureusement la même masse, ce qui justifierait pleinement l'usage du vocable de *nucléons*. Ces nucléons seraient indiscernables, donc permutables, tout en étant responsables de toutes les propriétés nucléaires. De cette façon, la physique nucléaire acquiert une symétrie plus grande que celle de la chimie ou de la physique atomique. Autrement dit, la chimie et la physique atomique violent la symétrie des nucléons en attribuant au proton non seulement une charge électrique mais également une masse différente de celle du neutron.

Cette position pose un problème sérieux, car la chimie n'est qu'un chapitre des sciences physiques et il faut expliciter le lien qui existe entre le tout et la partie. On le fait de la façon suivante. En sciences physiques, l'énergie mise en jeu dans une interaction nucléaire est plus importante que celle mise en jeu dans une réaction chimique (une bombe nucléaire est bien plus puissante qu'une bombe au TNT). Dans une première approximation, on peut donc négliger la chimie devant la physique nucléaire, ce qui revient à négliger la violation de la symétrie qu'apporte la distinction entre le proton et le neutron. Si la physique nucléaire est plus symétrique que la chimie, c'est parce qu'elle met en jeu une physique plus importante du point de vue énergétique. Autrement dit, la chimie concerne des phénomènes d'importance négligeable. Négliger les différences de masse et de charge des nucléons se justifie en première approximation. C'est ainsi que finalement la physique se sent obligée de distinguer entre les interactions nucléaires et les interactions électromagnétiques (celles qui gouvernent la chimie) et de faire comme si elles étaient indépendantes.

Cette façon de voir les sciences physiques en imaginant une symétrie qui n'existe pas réellement constitue paradoxalement un précieux moyen d'investigation de ses lois dont nous n'avons donné ici que l'un des exemples les plus simples.

Je vous prie de me croire lorsque je vous dis que la symétrie des nucléons est liée à celle de la sphère, symétrie qui se déduit de façon logique de la symétrie en géométrie élémentaire, qui dérive elle-même de la symétrie du miroir.

Se voir dans un miroir est une chose banale : on a l'impression que la main gauche a remplacé la main droite. On dit que l'on se voit renversé de droite à gauche. Cependant cette façon de parler est ambiguë. On comprend mal dans ce cas pourquoi l'on ne se voit pas plutôt renversé de haut en bas comme l'imagine le dessinateur et humoriste

Gotlib* *(Fig. 1)*. Après tout dans le miroir que constitue un plan d'eau on voit les bâtiments renversés.

Figure 1

La lettre A vue dans un miroir ressemble à la lettre originale ; il n'en est pas de même pour la lettre E... sauf si je la couche.

Pour étudier la symétrie en géométrie élémentaire, le mathématicien a un langage plus rigoureux. Il introduit trois notions.

* *Trucs-en-vrac*, Shell, Paris, 1977-1985.

TRANSFORMATION

La notion de transformation en mathématiques s'éloigne sensiblement du sens usuel de ce mot. Une transformation mathématique ne s'intéresse qu'au résultat de la transformation effectuée ; on ne tient pas compte de la façon dont elle est obtenue. Ainsi, pour effectuer une translation donnée d'un objet, je ne m'intéresse nullement au cheminement suivi, mais seulement au résultat final. Lorsqu'on dit que l'on effectue une symétrie autour de l'axe « vertical » (un demi-tour) du A, on ne pense pas à l'action même du demi-tour. Pour un A tracé sur une feuille de papier blanc, le demi-tour nous présenterait… le dos de la feuille blanche. On parlera quand même de demi-tour ou encore de symétrie par rapport à un axe vertical.

Faisant allusion à la phrase de Gaston Bonheur citée au début, on dira que l'on peut faire monter le A de mille neuf cent trente-quatre marches, puis le faire redescendre, cela est équivalent à une non-transformation qu'on désigne sous le nom de « transformation identique ».

INVARIANCE

On associe au A initial le A transformé par demi-tour autour de son axe vertical et, pour parler de symétrie, on se contente de constater qu'ils coïncident ; le A est inchangé par une telle transformation.

$$\mathsf{A}$$

De même, lorsque j'effectue une symétrie de moi-même par rapport à un axe vertical, j'ai l'impression d'être invariant sous cette transformation. Cependant, à y regarder de plus près, je constaterai que cette symétrie n'est qu'approchée. Pour m'en convaincre, il me suffirait de comparer les lignes de mes deux mains. Même la symétrie du visage est approximative : il faut savoir, en effet, que pour tout individu la joue gauche est plus large que la joue droite, ce que l'on constate aisément en recomposant son propre visage à l'aide d'un seul côté retourné. On se retrouve manifestement déformé avec deux joues larges ou deux joues étroites selon le cas.

Le traitement de la symétrie du E ne diffère que par l'orientation de l'axe, qui est cette fois horizontal. Il est inutile de faire subir au E une rotation.

GROUPE DE TRANSFORMATIONS

Si l'on effectue un deuxième demi-tour après le premier, la forme des lettres reste évidemment inchangée. En effet, effectuer deux demi-tours successifs revient à n'effectuer aucune transformation. Il s'agit là de la « transformation identique ». Comme tout objet est invariant sous la transformation identique, on peut dire qu'un objet non symétrique est invariant sous une seule transformation. Son groupe de transformations se réduit à un seul élément. Le groupe de transformations des lettres A et E contient deux éléments : le demi-tour et la transformation identique. Qu'en est-il des autres lettres ? Examinons-les.

Lettres à axe vertical de symétrie :

A, H, I, M, O, T, U, V, W, X, Y.

Lettres à axe horizontal de symétrie :

B, C, D, E, H, I, K, O, X.

Remarque : le forme des lettres est importante. Nous avons choisi les caractères *helvetica* (on notera, par exemple, qu'en caractères *times*, le W n'est pas symétrique).

On remarque que certaines des lettres ont à la fois un axe de symétrie vertical et un axe de symétrie horizontal. C'est le cas des lettres suivantes :

H, I, O, X.

On pourrait penser que leur groupe de transformations est à trois éléments : demi-tour vertical, demi-tour horizontal, transformation identique. Cela reviendrait à oublier la transformation qui résulte de la combinaison du demi-tour vertical V et du demi-tour horizontal H. Pour voir ce qu'il en est, effectuons ces transformations sur une lettre non symétrique, par exemple la lettre F.

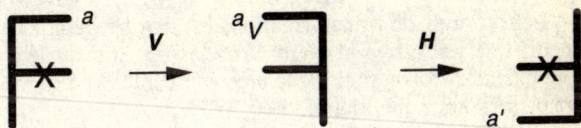

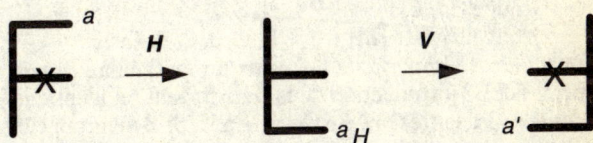

Pour la clarté du dessin, nous avons désigné par la lettre a l'un des sommets du F et séparé les F transformés du F initial. Si l'on avait effectué vraiment les transformations souhaitées, on aurait eu le dessin suivant :

On vérifie que, quel que soit l'ordre dans lequel on effectue les transformations V et H, le résultat est le même :

il s'agit tout simplement d'un demi-tour *C* autour du point
marqué par une croix. On note immédiatement que les lettres H, I, O et X sont bien invariantes sous cette transformation. Leur groupe de transformations est donc d'ordre
quatre. C'est le groupe d'invariance du rectangle.

Tout n'a pas été dit sur les symétries des lettres de
l'alphabet. Il y a trois lettres qui ont pour seule symétrie la
symétrie *C*. Ce sont les lettres

N, S, Z.

Leur groupe de transformations est d'ordre deux. On
conclut que les lettres peuvent être classées suivant leur
groupe de transformations de la façon suivante (*Id* désigne
la transformation identique).

Groupe {*Id, V, H, C*} :   H, I, O, X.
Groupe {*Id, V*} :   A, M, T, U, V, W, Y.
Groupe {*Id, H*} :   B, C, D, E, K.
Groupe {*Id, C*} :   N, S, Z.
Groupe trivial : {*Id*}   F, G, J, L, P, Q, R

La chose importante aux yeux du mathématicien est
que, grâce à l'introduction de la transformation identique,
« toutes » les lettres ont été classées à l'aide d'un groupe de
transformations. D'une façon générale, le fait qu'il n'y ait
aucune exception à une règle satisfait le mathématicien.
Cela est à rapprocher de l'introduction du zéro dans la
numération, qui permet de donner sens à une équation du
type $x + a = b$, même lorsque $a = b$.

Les trois groupes {*Id, V*}, {*Id, H*}, {*Id, C*} sont dits « iso-
morphes », c'est-à-dire de même forme, parce qu'ils ont le
même nombre d'éléments et la même structure ; ce que les
mathématiciens entendent par là, c'est qu'ils ont la même
loi de composition. En effet, ils obéissent tous trois à la
loi : V^2(*V* suivi de *V*) = *Id* ou une loi analogue obtenue en
remplaçant la lettre *V* par l'une des lettres *H* ou *C*. Cela n'a
rien d'étonnant ; il est facile de démontrer, en effet, qu'il
n'y a qu'un groupe à deux éléments, à un isomorphisme
près.

Allons à la découverte d'autres groupes à deux éléments. Les deux transformations « multiplication d'un
nombre quelconque par 1 ou – 1 » forment un groupe iso-

morphe aux précédents. La multiplication par 1 est la transformation identique et l'on vérifie que multiplier deux fois de suite un nombre par – 1 est équivalent à la transformation identique. On s'assure ainsi que la structure est encore la même. L'isomorphisme est vérifié.

Donnons un deuxième exemple. Considérons la transformation qui consiste à ajouter un nombre pair à un nombre entier arbitraire. Si ce nombre est pair il reste pair, s'il est impair il reste impair. Effectuer cette transformation le maintient dans la catégorie à laquelle il appartient. Par contre, lui ajouter un nombre impair le fait changer de catégorie. On a donc la loi :

$$pair + (pair) = (pair)$$
$$pair + (impair) = (impair)$$
$$impair + (pair) = (impair)$$
$$impair + (impair) = (pair)$$

« Ajouter un nombre pair » est la transformation identique. « Ajouter un nombre impair deux fois de suite » revient à ajouter un nombre pair. On vérifie encore l'isomorphisme de ce groupe avec les précédents. Les lois de groupe sont les mêmes. La seule différence est qu'elle s'exprime multiplicativement dans le cas de +1 et -1 et additivement dans le cas de pair et impair. On a, en effet, en faisant abstraction des catégories sur lesquelles ces transformations s'appliquent :

$$(-1) \times (-1) = 1$$
$$impair + impair = pair$$

Ajoutons à notre alphabet la lettre grecque delta $\triangle$, supposée décrite par un triangle parfaitement équilatéral. Elle a trois axes de symétrie que l'on peut désigner par A_1, A_2 et A_3 et l'on peut vérifier qu'en composant deux de ces symétries, on obtient une rotation d'un tiers de tour autour du centre de la lettre.

Le groupe de symétrie de cette lettre est d'ordre six :
$$[Id, A_1, A_2, A_3, R, R'],$$

où R et R' désignent respectivement les rotations d'un tiers de tour respectivement dans le sens des aiguilles d'une montre et dans le sens inverse.

On remarquera qu'une lettre de la forme

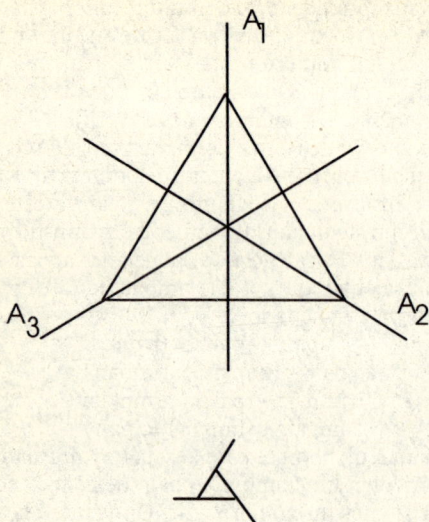

a pour groupe de symétrie le « sous-groupe » à trois éléments :

$$\{Id, R, R'\},$$

que l'on peut écrire aussi : $\{R, R^2 = R', R^3 = Id\}$.

Plus généralement, le lecteur pourra lui-même vérifier qu'un polygone régulier à n côtés a un groupe de symétrie à $2n$ éléments (n axes de symétrie et n rotations R, R^2, R^3, ..., R^n, où R est une rotation d'angle $\dfrac{360°}{n}$).

Considérons, par exemple, le cas du carré, pour lequel $n = 4$. Il a quatre axes de symétrie (les deux diagonales et les deux médianes). Son groupe de symétrie comprend, en plus, les quatre rotations de 90°, 180°, 270° et 360°. Cette dernière est la transformation identique. Le groupe de symétrie du carré est donc d'ordre huit ($2n = 8$).

Le cas du cube est bien plus complexe. Son groupe de symétrie est à 48 éléments, dont 24 rotations et 24 autres transformations qui combinent les 24 rotations avec une symétrie par rapport à un plan. Nous ne décrirons pas ce groupe. Nous tenons seulement à montrer que même pour une figure aussi simple que celle du cube, l'ordre du groupe peut être important.

Nous constaterons en passant un fait qui peut sembler paradoxal : si l'on veut vérifier les propriétés de symétrie d'un cube, il est nécessaire de nommer les sommets, comme on l'a fait dans le cas de la lettre F. Il est clair que, ce faisant, on détruit la symétrie du cube, que l'on désirait sauvegarder. Bien entendu, on fait comme si le cube n'était nullement affecté par les lettres ajoutées.

Un cube qui vient à l'esprit est le dé à jouer. Là, la numérotation des faces ne peut être ignorée ; son rôle est essentiel. On admet que cette numérotation n'altère aucunement la symétrie du dé, ce qui est manifestement faux. On fait comme si cela n'affectait nullement la probabilité du résultat lorsque le dé est jeté. La question n'est plus mathématique, elle est d'ordre physique. Il est clair cependant que le problème mécanique associé au lancement d'un dé est insoluble dans la pratique. On est même dans l'impossibilité de calculer les probabilités de chaque résultat. Peut-on cependant les mesurer ? La réponse rigoureuse est NON ! On peut seulement vérifier « approximativement » l'égalité des probabilités en jetant le dé un très grand nombre de fois. La théorie des probabilités permet quelquefois de dénoncer le dé comme probablement pipé (si, sur un grand nombre de coups, le six sort par exemple une fois sur trois) mais est toujours dans l'impossibilité totale d'affirmer qu'il est tout à fait correct (trouver « exactement » une fois sur six chacun des résultats est improbable sur un grand nombre de coups et ne signifie donc rien).

Nous venons de relier la symétrie du dé à un problème de probabilités. Par raison de symétrie (il s'agit seulement d'une hypothèse), les six faces ont la même probabilité de sortir. Les nombres 1, 2, 3, 4, 5, 6 sont mis *a priori* sur le même plan. Aucun d'eux ne se distingue de l'ensemble. Il y a symétrie entre ces six nombres. On peut, en effet, permuter ces nombres, cela ne change rien à leur probabilité.

La symétrie se traduit par l'existence d'un groupe : le groupe des permutations de ces six nombres. Ce groupe comprend $6! = 1 \times 2 \times 3 \times 4 \times 5 \times 6 = 720$ opérations, comme on le vérifie aisément par le raisonnement suivant : il y a six façons de transformer le 1 ; une fois cette transformation effectuée, il y a cinq façons de transformer le 2 ; une fois ces deux transformations effectuées, il y a quatre façons de transformer le 3, etc. Une fois les cinq premières transformations effectuées, il ne reste plus qu'une possibilité pour choisir le transformé du 6.

La considération d'un tel groupe est justifiée par le problème physique qui lui est associé, à savoir le lancement du dé. On conçoit que ce problème ne saurait être influencé par des marques sur les faces, à condition que ces marques ne comportent aucune déformation mécanique. Si le phénomène devait prendre en compte les marques effectives des points sur les faces du dé, ce groupe serait brisé. Il se réduirait à la permutation identique. On peut imaginer une situation intermédiaire où les points du dé comporteraient, tracés sur les faces, trois *as* et trois *deux*. Le groupe n'aurait alors que 36 éléments, car $1 \times 2 \times 3 \times 1 \times 2 \times 3 = 36$. Il y a, en effet, six façons de permuter les trois 2 et à chacune de ces façons peuvent être associées les six façons de permuter les trois 1.

Le groupe des permutations est important car il joue un rôle privilégié dans l'étude des symétries. Considérons le cas du carré. Il existe $4! = 1 \times 2 \times 3 \times 4 = 24$ permutations des quatre sommets de ce carré. Parmi ces permutations, il y a celles qui transforment le carré en un carré, autrement dit celles qui laissent le carré invariant. Nous avons vu qu'elles sont au nombre de huit. Elles forment un sous-groupe du groupe des permutations. On vérifie ici l'un des théorèmes fondamentaux concernant les sous-groupes. L'ordre d'un sous-groupe est un diviseur de l'ordre du groupe (dans le cas présent 8 divise 24). Il en va de même pour le cube : le nombre des permutations des huit sommets est égal à $8! = 1 \times 2 \times 3 \times 4 \times 5 \times 6 \times 7 \times 8 = 40\ 320$. L'ordre du sous-groupe qui conserve la forme du cube est égal à 48. Ce nombre divise bien 40 320 comme le veut le théorème. On notera que, pour le triangle équilatéral, toute permutation des trois sommets conserve sa forme et l'on vérifie, si nécessaire, que 3! = 6 est bien un diviseur de 6.

Plus généralement, étant donnée une figure à n sommets, le groupe qui laisse la figure inchangée a un ordre qui divise n! Vérifions cela sur un exemple. Joignons les centres des faces d'un cube. On obtient un octaèdre régulier, polyèdre à six sommets. D'après sa construction, il est clair que l'octaèdre a même groupe de symétrie que le cube, qui est, comme on l'a dit, un groupe d'ordre 48, et 48 divise le nombre de permutations des six sommets, soit 6! = 720, comme il se doit. L'octaèdre a même symétrie que le cube correspondant (Fig 2).

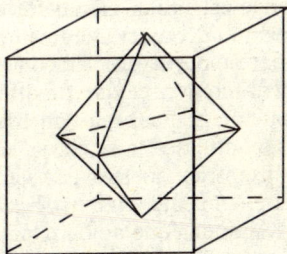

Figure 2

Tournons-nous vers la rose des vents avec ses quatre points cardinaux *N, E, S, O.* Il y a 4! = 24 permutations de ces quatre points. Parmi elles, quatre seulement respectent l'ordre des lettres sur la rose. Il s'agit des quatre rotations d'angle 90°, 180°, 270° et 360°. On vérifie que 4 divise 24. Les points cardinaux semblent jouer des rôles symétriques. Pourtant :

« C'est drôle, on parle souvent du pôle Nord, plus rarement du pôle Sud, et jamais du pôle Ouest ni du pôle Est. Pourquoi cette injustice ?... ou cet oubli* ? »

---

* Allais (A.), *Allais... grement.*

Considérons le cas de deux amis. *A priori*, ils sont interchangeables puisque leur permutation conserve l'amitié qui règne entre les deux. Tel n'est pas l'avis pourtant d'Alphonse Karr qui affirme, dans *Les guêpes* :

« Entre deux amis, il n'y en a qu'un qui soit l'ami de l'autre. »

Les marches d'un escalier se ressemblent toutes, mais pas quand on doit les grimper. Ne faudrait-il pas suivre le conseil suivant ?

« En montant un escalier, on est toujours plus fatigué à la fin qu'au début. Dans ces conditions, pourquoi ne pas commencer l'ascension par les dernières marches et la terminer par les premières ? » P. Dac, *L'os à moelle*.

Le cas de la sphère retiendra notre attention car son groupe d'invariance est infini. N'importe quelle rotation autour de son centre la conserve de même que n'importe quelle symétrie par rapport à un plan contenant un de ses diamètres. On peut montrer ce que j'ai affirmé plus haut, que ce groupe joue un rôle dans la symétrie du nucléon.

Nous avons montré que la symétrie était intimement reliée à la géométrie ; bien qu'il s'agisse seulement de géométrie élémentaire, on peut étendre ce lien à la géométrie non commutative qui englobe aujourd'hui toutes les formes antérieurement connues de la géométrie, y compris la géométrie différentielle qui concerne entre autres êtres géométriques la sphère. Il n'est pas question ici, faute de temps et de compétence, de pénétrer ce sujet immense d'actualité introduit par Alain Connes.

Il est naturel de dire quelques mots sur les objets non symétriques, c'est-à-dire sur ceux qui ont {*Id*} comme seul groupe de symétrie. On s'étonnera que le langage usuel ait deux mots pour désigner de tels objets : « dissymétrique » et « asymétrique ». On est en droit de se demander pourquoi deux mots sont nécessaires pour désigner une situation unique.

Le *Petit Robert* nous apprend que l'asymétrie désigne une « absence » de symétrie et la dissymétrie un « défaut » de symétrie. Pour ces raisons, asymétrie et dissymétrie sont présentés comme des antonymes du mot « symétrie ».

C'est parce que le mot « symétrie » est un concept qui n'implique pas sa présence effective que nous préférons nous préoccuper des adjectifs associés, à savoir « asymétrique », « dissymétrique ». L'expression « être symétrique » n'a de sens qu'à partir du moment où la symétrie dont il est question est préalablement définie et, pour la définir — vérité de La Palice — il faut nécessairement l'avoir remarquée, ce qui ne signifie pas qu'elle soit effectivement réalisée. Je peux, en effet, évoquer les parties droite et gauche d'un bâtiment avant d'affirmer qu'elles sont ou non symétriques l'une de l'autre. On constate que l'on se pose la question d'une symétrie potentielle avant de se prononcer. C'est pourquoi l'expression « ne pas être symétrique » n'a pas la même signification suivant qu'on se réfère à une symétrie que l'on connaît ou qu'on a affaire à une absence certaine de « toute » espèce de symétrie. Dans le premier cas, on parlera de dissymétrie, dans le second cas d'asymétrie. L'ennui c'est que l'on ne peut jamais être certain de l'absence totale de symétrie. Pour préciser cette remarque, nous examinons le cas de la figure suivante :

Le côté gauche ne ressemble pas au côté droit puisqu'ils sont de couleurs différentes. On aura tendance à dire que cette propriété constitue une dissymétrie. Ce faisant, on s'est référé implicitement à une symétrie — violée, certes — la symétrie gauche/droite. Remarquons cependant que si l'on fait abstraction des couleurs, il y a bel et bien une symétrie, la figure étant constituée de deux carrés de mêmes dimensions. Dire que l'on fait abstraction des couleurs équivaut à déclarer que l'on ne s'intéresse qu'à la forme de la figure.

Autrement dit, il y a symétrie en ce qui concerne la forme, dissymétrie en ce qui concerne les couleurs.

Le physicien que je suis fera d'emblée une remarque à propos de cette figure : contrairement aux apparences, cette figure « est manifestement symétrique ». En effet, elle possède un axe de symétrie horizontal, axe auquel on ne pense pas immédiatement, il faut le reconnaître. On voit pourquoi il faut se montrer prudent avant de se prononcer en faveur d'une asymétrie. Examinons donc aussi la figure suivante. Est-elle asymétrique ?

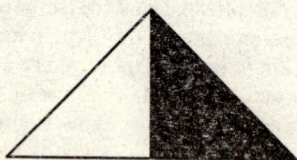

Désignons par V l'axe de symétrie vertical de l'une des deux figures réduites à leur forme et par K la transformation définie par l'échange des deux couleurs noir et blanc :

blanc → noir

noir → blanc

Combinons les deux transformations V et K. On définit ainsi la symétrie VK que l'on peut également écrire sous la forme KV. On a de cette façon introduit une symétrie nouvelle, symétrie rigoureuse pour ces deux figures. Le groupe de symétrie est $\{KV, Id\}$. On a remplacé la dissymétrie apparente par une symétrie plus élaborée, impliquant la permutation des couleurs blanc et noir.

Tournons-nous maintenant vers une œuvre de Piero della Francesca, *La Madone del Parto*, représentant la Vierge entourée de deux anges placés symétriquement l'un par rapport à l'autre *(Fig. 3)*. On a des raisons de penser que le peintre a décalqué le premier ange pour dessiner le second après l'avoir retourné. Seules leurs couleurs diffèrent. Si l'on note que ces couleurs sont complémentaires, on pourra évoquer une symétrie plus rigoureuse comme

Pl. XVI : la Madone del Parto, 260 × 203 cm. Monterchi.

Figure 3

on vient de le faire pour les deux figures géométriques précédentes. On a ainsi substitué dans les deux cas à une dissymétrie apparente, une symétrie nouvelle.

Nous proposerons, par conséquent, de réserver le mot « asymétrique » pour une situation où, « malgré tous les efforts que l'on peut fournir », aucune symétrie, « même absente », ne peut être évoquée. Ce serait le cas pour la figure ci-dessous.

Résumons-nous. On dira qu'un objet est dissymétrique chaque fois que l'on notera qu'une symétrie « annoncée » n'est pas assurée. On s'efforcera alors d'en découvrir une plus subtile. On dira, par contre, qu'un objet « semble » asymétrique si on se trouve dans l'incapacité de percevoir la présence d'une quelconque symétrie. On notera la fragilité d'une telle constatation. Elle est aussi fragile que celle qui consiste à affirmer qu'une certaine démonstration mathématique est exacte. En effet, ce n'est pas parce qu'on n'a décelé aucune erreur dans une démonstration qu'on peut être certain de son exactitude. Rien ne prouve qu'un mathématicien plus doué ne sera pas capable d'en dénicher une. Cette idée, répandue par Popper, trouve son origine, selon lui, chez le présocratique Xénophane.

« Il n'y eut dans le passé et il n'y aura jamais dans l'avenir personne qui ait une connaissance certaine des dieux et de tout ce dont je parle. Même s'il se trouvait quelqu'un pour parler avec toute l'exactitude possible, il ne s'en rendrait pas compte par lui-même*. »

La distinction entre dissymétrie et asymétrie peut s'établir à partir de l'architecture. Un bâtiment a presque toujours une partie droite et une partie gauche. Elles sont soit symétriques soit dissymétriques. Il existe pourtant des

---

* *Les penseurs avant Socrate*, p. 66, Paris, Garnier-Flammarion, 1964.

exceptions. Ainsi, pour le musée de Cincinatti construit par l'architecte irakienne Zaha Hadid qui condamne délibérément l'angle droit des bâtiments, on ne peut qu'évoquer l'asymétrie de l'architecture, ce qui démontre en passant que le beau peut faire fi de la symétrie.

Nous avons souligné plus haut le rôle important du groupe des permutations. Ce groupe intervient dans toutes les phrases commençant par « les Français sont... » ou « les hommes sont... ». Une permutation quelconque effectuée dans l'ensemble des Français ou des hommes ne changerait rien à l'affirmation. La proposition énoncée est invariante sous le groupe des permutations des hommes concernés. L'ordre de ce groupe est fantastique, il s'écrit pour les seuls Français avec à peu près un milliard de chiffres. On peut considérer des sous-groupes de ce groupe, par exemple celui des permutations qui conservent le sexe des individus ou celui des permutations qui conservent l'année de naissance des Français mâles. Pour connaître l'ordre de ce dernier groupe, il faudrait se donner les populations des différentes classes d'appel sous les drapeaux.

Examinons de plus près la structure d'une phrase qui commence par « les Français sont... ». Pour qu'elle soit valide, il faut que celui qui énonce la proposition se considère comme inclus, si lui-même est français. Ce n'est pas toujours le cas. Il y a alors violation de la symétrie. Ainsi quand le général de Gaulle a déclaré que les Français étaient des veaux, on peut penser raisonnablement qu'il ne se sentait pas concerné par cet énoncé à caractère collectif. Le groupe auquel il faisait allusion était celui des permutations des Français assimilables aux veaux Perm(E). Ce groupe laisse le président de la République invariant. On peut bien sûr préférer penser que dans son idée un certain ensemble E' de Français incluant le général ne sont pas des veaux. Le groupe de symétrie deviendrait Perm(E) × Perm(E').

On peut aussi évoquer cette affirmation manifestement excessive : « Tous les Français sont égaux devant la loi. » Les brisures de cette symétrie sont extrêmement nombreuses et tellement connues qu'il est hors de question d'en citer ici ne serait-ce une seule.

Tous les hommes sont des humains. Cette tautologie est loin d'être évidente pour tout le monde. Il n'y a pas si longtemps, à l'époque de la découverte de l'Amérique, on en était à se demander si les Indiens pouvaient être considérés comme des hommes. Plus récemment, pour les nazis, les seuls à mériter vraiment le nom d'hommes étaient les Aryens. Il est commode de donner un nom à la symétrie associée à cette tautologie que nous évoquons. Nous la désignerons sous le nom de « symétrie tautologique ». Le groupe qui caractérise cette symétrie est le groupe des permutations de tous les hommes. Plus généralement, tout ensemble, quel qu'il soit, est invariant sous le groupe des permutations de cet ensemble, groupe qui est associé à la symétrie tautologique de l'ensemble. Lorsqu'on conteste une telle symétrie, on est forcément ramené à un sous-groupe de ce groupe. Ainsi, le groupe de symétrie défini par les nazis est le groupe obtenu en composant le produit du groupe des permutations des aryens par le groupe des permutations des non-aryens : Perm(Aryens) × Perm(Non Aryens)

Considérons l'ensemble des Français. Son groupe de symétrie est le groupe des permutations de tous les Français. Associons à chaque Français son numéro d'INSEE. Le groupe de symétrie des Français numérotés est le groupe trivial qui ne comprend que la transformation identique car il n'y a pas deux Français avec le même numéro de Sécurité sociale.

« Tous les hommes sont des philosophes », affirme Karl Popper. L'ensemble des hommes est donc défini comme un sous-ensemble de l'ensemble des philosophes et comme les philosophes sont certainement des hommes, pour Popper, les deux ensembles coïncident. Ils définissent le même ensemble. Le groupe de symétrie est le groupe de symétrie tautologique. Seulement Popper apporte une restriction : « Je crois que tous les hommes sont des philosophes, même si certains le sont plus que d'autres. » Si l'on veut tenir compte du degré ainsi introduit, on est conduit à classer les hommes en fonction de ce degré et le groupe de symétrie se trouve réduit. On ne peut aller plus loin car on ne sait rien sur une classification éventuelle à partir de ce degré. Dans le cas limite où il n'y a pas deux hommes de même degré, le groupe de symétrie se réduit à la transformation identique.

Le verset du Lévitique : « Tu aimeras ton prochain comme toi-même » nous fournit un autre exemple de symétrie. Si je fais mien ce précepte, l'ensemble des hommes « autres que moi » est invariant sous le groupe des permutations de cet ensemble. Cependant, dans le cas où tout le monde l'adopte, la symétrie ne devient pas pour autant la symétrie tautologique. Pour cela il faudrait encore que l'amour que je porte à mon prochain soit identique à celui qu'il me porte*.

Mentionnons un problème analogue concernant la définition du sage. Pour cela, nous citons ce passage du Talmud :

« Qui est sage ? Celui qui apprend de tout homme**. »

Cette sentence, riche de significations, est commentée par un célèbre rabbin du seizième siècle, le Maharal de Prague***. Voici ce qu'il dit à ce sujet :

« Un tel homme est à ce titre digne du nom de "sage" car la sagesse ne se trouve pas chez lui par accident, mais parce qu'il en est avide et la recherche auprès de tout homme. Tandis que s'il n'apprend pas de tout homme mais seulement d'un maître réputé pour sa grande sagesse, sa sagesse sera dépendante du maître en question, elle viendra de l'extérieur et non de lui-même, puisque c'est l'importance du maître qui en conditionnera la réception ; il ne conviendra donc pas de le nommer sage. Et seul celui qui

---

* Soulignons, à propos de ce précepte, que la difficulté principale de l'injonction réside dans l'exigence d'aimer autant un persécuteur que le persécuté. Cette recommandation qui dépasse l'entendement peut être résolue en lisant correctement le verset de l'amour du prochain. *Cf.* H. Bacry, *La Bible, le Talmud, la connaissance et la théorie du visage de Levinas*, Pardes 26, 1999.
** *Commentaires du traité des pères*, chap. IV, Paris, Verdier, 1990.
*** Maharal de Prague (Yéhouda Loew ben Betsalel, connu sous le nom de), rabbin et commentateur, né à Posen (Pologne) vers 1512, mort à Prague en 1609. Il est connu pour être le créateur de son célèbre serviteur, le *Golem*.

apprend de tout homme est digne de ce nom, car "tous les hommes étant égaux auprès de lui puisqu'il apprend de tous", la sagesse ne dépend alors que de celui qui la reçoit et il est ainsi digne du nom de "sage" car c'est la sagesse qu'il reçoit directement en apprenant de tous, sans distinction de grand ou petit. »

Ce commentaire rejoint la pensée bouddhiste qui affirme que l'on a toujours quelque chose à apprendre, même de son ennemi. Pour mériter d'être appelé sage, il nous faut donc prendre en considération tout ce que les autres nous apprennent.

Les arguments de symétrie les plus anciens ont un intérêt actuel indéniable, surtout lorsqu'on les confronte aux connaissances scientifiques modernes. C'est le cas, par exemple, de celui d'Aristote qui défend l'idée de l'impossibilité du vide. Je voudrais aborder ici une idée plus récente due à Descartes. On sait que pour ce philosophe, l'homme est constitué d'un corps et d'une âme. La chose étrange est qu'il cherche à localiser l'âme dans le corps, comme si cette localisation allait de soi, ce qui peut sembler paradoxal pour une entité aussi abstraite. Et il utilise un argument de symétrie pour résoudre ce problème. L'âme, étant une, ne saurait résider dans les reins, car on ne saurait la répartir entre ces deux organes à la fois. Le foie est également exclu car il se trouve dans la partie droite du corps. Pour Descartes, l'âme est non seulement indissociable mais ne saurait résider dans une fraction non symétrique de l'organisme. Seul le cerveau, organe central, peut convenir. Il semble, aujourd'hui que cette conclusion apparaisse satisfaisante pour les biologistes de tous bords. Pourtant...

On remarquera que Descartes fait en tout trois hypothèses sur ce sujet. La première est revendiquée par le philosophe ; il s'agit de la décomposition de l'homme en corps et âme, c'est-à-dire une partie matérielle et une partie spirituelle ; la seconde est celle de la possibilité de localisation de l'âme dans le corps. La troisième réside dans l'exigence d'une symétrie pour cette localisation. Il semble que pour Descartes, toute chose soit localisable mais que tout ce qui est localisable n'est pas nécessairement matériel. Comment

peut-on concevoir une âme dans le corps qui serait imma-
térielle ? Je vois là une contradiction difficile à lever. La
première réponse qui vient à l'esprit consiste à rejeter
l'hypothèse de l'opposition âme-corps et à affirmer comme
le ferait un matérialiste que « tout » est matière.

Examinons la position d'un matérialiste connu. Je
pense à Jean-Pierre Changeux qui, dans la troisième conférence de l'Université de tous les savoirs, donnait pour titre
à sa conclusion : *L'âme au corps**. On notera que Changeux
ne met pas en cause l'existence de l'âme mais la relie spontanément au corps. Il précise : « Qu'en est-il de fonctions
encore plus élaborées du cerveau comme la conscience ? »
On voit que, pour lui, la conscience est une manifestation
du cerveau. Tout se passe comme si le cerveau sécrétait la
conscience comme le foie sécrète la bile. En somme, pour
comprendre l'âme, il faudrait en quelque sorte être en
mesure de disséquer le cerveau. On notera en passant que
cette position crée, de fait, une dissymétrie entre les deux
propositions suivantes : « J'ai conscience d'avoir un cerveau et j'ai conscience d'avoir un foie. » Changeux semble
ne pas en avoir conscience.

On sait que le cerveau est composé de deux hémisphères et que ces hémisphères sont spécialisés, chose évidemment ignorée par Descartes. Le rôle de l'hémisphère
gauche concerne les fonctions symboliques, c'est-à-dire
l'interprétation des signes. Est ainsi de son ressort la compréhension des gestes et du langage écrit. L'hémisphère
droit s'attache, quant à lui, à la connaissance de l'espace
corporel et extra-corporel. Cette hypothèse est corroborée
par le fait que des lésions de cet hémisphère peuvent faire
croire au malade que son côté gauche lui est étranger ; elles
vont jusqu'à lui faire ignorer tout l'espace situé à sa gauche.
Il n'est pas étonnant qu'il perde la notion d'espace que lui
assurent habituellement les sens de la vue, de l'ouïe et du
toucher. S'habiller peut devenir une opération quasi

---

* Changeux (J.-P.), « Le cerveau : de la biologie moléculaire aux sciences
cognitives », in *Université de tous les savoirs*, vol. 1, Odile Jacob, Paris,
2000.

impossible. Que pense alors l'hémiplégique cartésien qui croit, comme Descartes, à l'existence de l'âme dans le cerveau ? Il croit, bien évidemment, en l'existence de la sienne propre qu'il ne pourra situer raisonnablement que dans son hémisphère intact. Si c'est le gauche, il aura tendance à généraliser ce résultat à tous les hommes. Il en irait de même si c'était l'hémisphère droit qui était sain. Un raisonnement conduirait finalement ces deux espèces d'hémiplégiques à affirmer que l'âme ou la conscience ne saurait être vraiment localisable, puisque les uns la localiseraient dans l'hémisphère gauche, les autres dans l'hémisphère droit. La symétrie de Descartes est brisée. Si l'âme est localisée dans le cerveau, ce serait dans quelle partie ? S'agit-il de l'hémisphère gauche ou de l'hémisphère droit ? Que l'on adopte l'une ou l'autre réponse ne saurait satisfaire aujourd'hui un disciple de Descartes.

Comme pour répondre à ce que dit Changeux, Antoine Danchin débute la quatrième conférence de l'Université de tous les savoirs par une interrogation pertinente de l'oracle de Delphes. « J'ai une barque faite de planches et les planches s'usent une par une. Au bout d'un certain temps, toutes les planches ont été changées. Est-ce la même barque ? » Et Danchin commente : « le propriétaire répond oui avec raison : quelque chose, ce qui fait que la barque flotte, s'est conservé, bien que la matière de la barque ne soit pas conservée [...]. Il y a dans la barque plus que la simple matière. Pourquoi choisir cette image, cette question pour parler de la vie ? Il est essentiel de concevoir le vivant et la biologie comme une science des relations entre objets plus qu'une science des objets. »* Ainsi, pour Danchin, il y a dans l'homme plus que la simple matière ; si la conscience est en dehors de la matière, ne s'ensuit-il pas que la dissection du cerveau ne permettrait pas de l'y découvrir ?

On est conduit ainsi à penser la conscience comme jouissant d'une existence autonome non soumise à la

---

* Danchin (A.), « L'identité génétique », in *Université de tous les savoirs*, vol. 1, Odile Jacob, Paris, 2000.

matière du cerveau. La conscience ne serait donc pas loca-lisable. Que pense un religieux de cette situation ? Il est conscient du fait que le cerveau est impliqué dans cette affaire. Il me semble que pour lui, un lien existe effective-ment entre la conscience et le corps et que ce lien passe par le cerveau. Quand le cerveau meurt, ce lien disparaît mais le Moi ne meurt pas.

Cette dernière solution peut sembler acceptable mais ne me satisfait pas. Examinons-la sous un autre angle. Si l'homme est composé d'une âme et d'un corps, tout attribut humain doit appartenir soit à l'un soit à l'autre. Qu'en est-il des maladies ? On sait que certaines d'entre elles sont d'origine psychosomatique et concernent par conséquent à la fois le corps et l'âme. L'effet *placebo* ne saurait non plus s'expliquer à partir d'une dissociation de ces deux élé-ments. Ne serait-il pas plus naturel de conclure que la complexité de l'être humain est telle que la dissociation entre une âme et un corps est au sens strict impossible. Cette façon de voir rejoint ici une idée du judaïsme qui ne manquera pas d'intéresser le psychiatre. Il faut savoir qu'en hébreu classique, aucun mot ne désigne le corps de l'homme vivant. Le mot *gouf* de l'hébreu tardif qui le dési-gne dérive du mot ancien *goufah* qui signifiait cadavre et donc représentait le corps « après la mort ». Pour le lecteur de la Bible, parler du corps à propos d'un homme vivant est une aberration. La distinction entre corps et âme chère à Descartes n'aurait vraiment de sens qu'après la mort, même si le psychiatre trouve commode de distinguer ces deux aspects pour l'homme vivant ; ce faisant, il décrit seu-lement une approximation commode valable sur le seul plan pratique. Bien entendu, la condition d'une telle dis-tinction oblige implicitement la prise en considération d'une interaction entre le corps et l'âme, cela afin d'assurer une explication de l'unité de l'homme.

Une comparaison avec la physique atomique nous aidera à mieux cerner le problème. Je rappellerai que cette théorie prétend que l'atome est composé d'un noyau positif et d'un nuage d'électrons négatifs indiscernables tour-nant autour. Cette façon de voir la nature est cependant insuffisante ; on est, en effet, obligé d'imaginer « en plus » une interaction électromagnétique entre le noyau et les électrons. Il faut savoir que le calcul complet de cette inter-action est complexe ; le cas le plus simple est celui de l'atome d'hydrogène. Sa structure ne se déduit pas comme par magie d'une équation ; elle est le fruit d'approxima-tions successives dont la plus fine est celle que les physi-ciens désignent sous le nom d'« effet Lamb », effet qui n'est pas enseigné au niveau de la maîtrise de physique parce qu'il fait intervenir des notions non élémentaires d'électro-dynamique quantique. Cette complexité du calcul est le reflet de celle de l'atome. La théorie atomique décrit une façon commode de comprendre la structure de l'atome d'hydrogène, mais la réduction en noyau et électron peut être qualifiée d'artificielle. Pour pouvoir parler du noyau d'hydrogène à partir de l'atome, il faut négliger toute la suite d'approximations à laquelle nous avons fait allusion. Avoir voulu considérer l'atome d'hydrogène comme composé d'un noyau et d'un électron est une opération aussi complexe que celle qui consiste à considérer l'homme comme composé d'une âme et d'un corps. Ce que fait réellement le physicien consiste à déshabiller l'atome pour découvrir le noyau qu'il a introduit préalablement. De la même manière, n'est-ce pas le cadavre que l'homme introduit lorsqu'il considère l'être humain comme composé d'une âme et d'un corps ? Car, ne l'oublions pas, ce qu'il importe de comprendre dans l'homme, c'est comment l'on passe de l'homme au cadavre. Il s'agit vraiment là d'un mystère essentiel.

Si l'on se rappelle les trois hypothèses de Descartes, voici nos conclusions :

— « L'homme est composé d'une âme et d'un corps ». Cette affirmation ne constitue qu'une approximation commode qui a l'inconvénient de donner du réel une inter-prétation déformée.

— « L'âme est localisable dans le corps ». Dans l'approxi-mation précédente, l'âme est nécessairement extérieure au corps.

— Le problème de la localisation de l'âme et donc de sa symétrie ne se pose plus.

Il serait intéressant de savoir ce que pense le matérialiste de notre analyse. Quoi qu'il en soit, une chose est certaine : le problème de la symétrie tel que le pose Descartes ne saurait être éludé. La symétrie interpelle le spécialiste du cerveau humain comme le philosophe.

L'exemple que nous venons de traiter montre la puissance d'une analyse basée sur la symétrie. Les arguments tirés du passé (Descartes) et même du passé lointain (la Bible et l'oracle de Delphes) conservent un caractère indéniable d'actualité qu'on ne saurait négliger. La science moderne y apporte un éclairage précieux. Partant de considérations plutôt banales sur une symétrie, nous sommes amenés tout naturellement à poser des questions fondamentales sur le sujet associé. D'autres exemples sont traités dans notre ouvrage* *La Symétrie dans tous ses états*. Nous y renvoyons le lecteur.

---

* Bacry (H.), *La Symétrie dans tous ses états*, préface d'Alain Connes, Paris, Vuibert, 2000.

Les auteurs

_____

Henri BACRY Professeur émérite de physique à l'université de la Méditerranée.

Eva BAYER Directrice de recherche au CNRS (Besançon).

Philippe BIANE Directeur de recherche au CNRS, maître de conférences à l'École polytechnique.

Jean-Philippe BOUCHAUD Expert senior au Commissariat à l'Énergie atomique (CEA).

Jean-Pierre BOURGUIGNON Directeur de l'Institut des hautes études scientifiques (IHES).

Pierre CARTIER est docteur en mathématiques et professeur à l'École normale supérieure.

Alain CONNES Professeur au Collège de France (chaire d'Analyse et Géométrie).

Ivar EKELAND Professeur de mathématiques à l'université Paris-IX-Dauphine.

Uriel FRISCH Directeur de recherche au CNRS, membre correspondant de l'Académie des sciences.

Jean-Yves GIRARD Directeur de recherche au CNRS (Institut de mathématiques de Marseille-Luminy).

Yves HELLEGOUARCH Professeur de mathématiques à l'université de Caen.

Jean-Pierre KAHANE Professeur émérite à l'université de Paris-Sud, membre de l'Académie des sciences.

Pierre-Louis LIONS Professeur à l'université Paris IX-Dauphine.

Benoît MANDELBROT Professeur de sciences mathématiques à l'Université de Yale, et Fellow émérite au centre de recherche IBM T. J. Watson.

Yves MEYER Professeur à l'université Paris-Dauphine Paris-IX.

Jim RITTER Maître de conférences au département de mathématiques de l'université Paris-VIII.

Jacques TITS Professeur au Collège de France (chaire de théorie des groupes).

Table*

---

* Le chiffre entre parenthèses qui suit le nom d'auteur correspond au numéro du tome grand format de l'Université de tous les savoirs, publié par les Éditions Odile Jacob, dans lequel se trouvait la conférence.

Que soient ici remerciés le Conservatoire national
des arts et métiers (CNAM) qui a accueilli l'Université
de tous les savoirs et les partenaires qui ont participé
au rayonnement national et international de l'Utls :
Télérama, Le Monde et France Culture, Radio France,
la chaîne parlementaire-Assemblée nationale, La 5e,
Le Monde des débats, Sanofi-Synthélabo.

L'UNIVERSITÉ DE TOUS LES SAVOIRS
EN POCHES ODILE JACOB

Parution : janvier 2002

Tome 1 : La Géographie et la Démographie
Tome 2 : L'Histoire, la Sociologie et l'Anthropologie
Tome 3 : L'Économie, le Travail, l'Entreprise

Parution : février 2002

Tome 4 : La Vie
Tome 5 : Le Cerveau, le Langage, le Sens
Tome 6 : La Nature et les Risques

Parution : mars 2002

Tome 7 : Les Technologies
Tome 8 : L'Individu dans la société d'aujourd'hui
Tome 9 : Le Pouvoir, l'État, la Politique

Parution : avril 2002

Tome 10 : Les Maladies et la Médecine
Tome 11 : La Philosophie et l'Éthique
Tome 12 : La Société et les Relations sociales

Parution : mai 2002

Tome 13 : Les Mathématiques
Tome 14 : L'Univers
Tome 15 : Le Globe

Parution : septembre 2002

Tome 16 : La Physique et les Éléments
Tome 17 : Les États de la matière
Tome 18 : La Chimie

Parution : octobre 2002

Tome 19 : Le Monde global
Tome 20 : L'Art et la Culture

CET OUVRAGE A ÉTÉ COMPOSÉ
ET MIS EN PAGE CHEZ NORD COMPO
(VILLENEUVE-D'ASCQ)

Imprimé en France sur Presse Offset par

BRODARD & TAUPIN

GROUPE CPI

La Flèche (Sarthe), le 18-04-2002
N° d'impression : 12558
N° d'édition : 7381-1108-X
Dépôt légal : mai 2002